地瓜 1 号入口长廊的导示箭头

地瓜社区
DIGUA COMMUNITY

共享空间营造法
The Construction of
Common Place

清华大学出版社
北京

周子书　唐燕 / 著

图书在版编目（CIP）数据

地瓜社区：共享空间营造法 / 周子书，唐燕著. —北京：清华大学出版社，2022.8
（2024.4 重印）

ISBN 978-7-302-56392-1

Ⅰ．①地… Ⅱ．①周… ②唐… Ⅲ．①社区－城市规划－建筑设计 Ⅳ．① TU984.12

中国版本图书馆 CIP 数据核字（2020）第 170531 号

责任编辑：徐　颖　张　阳
装帧设计：高　晴　谢晓翠　魏星宇
责任校对：王荣静
责任印制：杨　艳

出版发行：清华大学出版社
　　　　　网　　址：https://www.tup.com.cn，https://www.wqxuetang.com
　　　　　地　　址：北京清华大学学研大厦A座　　邮　编：100084
　　　　　社总机：010-83470000　　　　　　　　邮　购：010-62786544
　　　　　投稿与读者服务：010-62776969，c-service@tup.tsinghua.edu.cn
　　　　　质量反馈：010-62772015，zhiliang@tup.tsinghua.edu.cn
印 装 者：小森印刷（北京）有限公司
经　　销：全国新华书店
开　　本：140mm×195mm　　印　张：12.5　　字　数：267千字
版　　次：2022年8月第1版　　印　次：2024年4月第3次印刷
定　　价：109.00 元

产品编号：086246-01

地下本没有光亮

做着做着，就有了希望

花家地北里西站
HUA JIA DI BEI LI XI ZHAN

运通104

首车 5:30 末车 22:00

来广营北 — 金庄
LAIGUANGYING BEI. JIN ZHUANG

花家地北里西站

运通107

Camera No.1　　　2013-12-22 16:59:07

外来务工人员在北京多从事服务行业，下班很晚，而公交系统晚上十一点就结束运营，很多人选择就近的地下室居住。据报道，北京约有 1.7 万套地下室，在 2004 年达到出租顶峰，当时约一百万人居住在地下。

15号线 Line15

🔲 ♿ 电梯
Elevator

使用无障碍设施
请走A口（西北口）
Entrance Exit A(Northwest)
With Wheelchair Access.

本站首末车时间
First Last Train from This Station

15号线 Line 15	往望京西 To WANGJING West	往俸伯 To FENGBO
首车 First train	05:47	06:02
全程末班车 Last train	22:47	22:57

🅰 地铁望京站

承租地下室的房东将约 500 平方米的地下空间分割出租做廉价公寓，从而获得最大的经济效益。

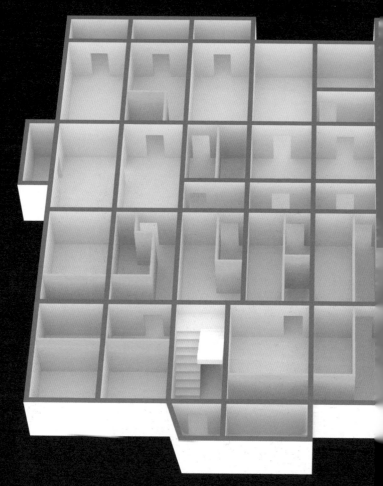

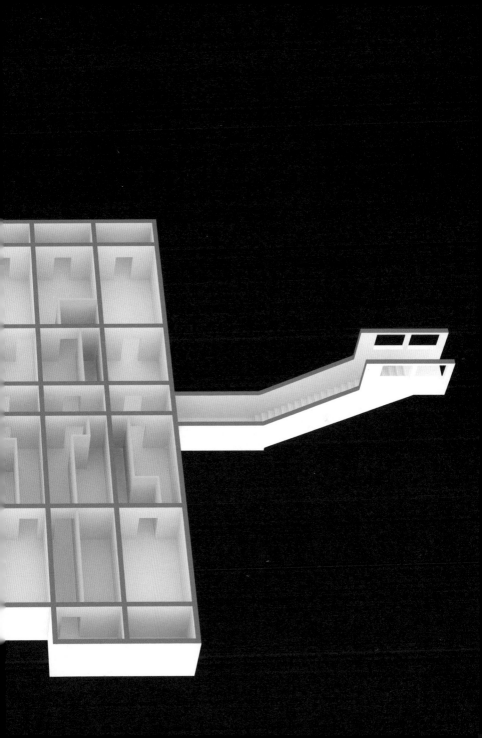

2013 年，北京的人口数量超出了城市的承载力。地上地下居民在争夺公共资源方面的矛盾开始激化。由于地下室居民在地上小区里晾衣服，地上地下居民之间爆发了第一次公共冲突。

2013 年 10 月，我住进北京望京花家地北里 302 号地下室，开始了我的地下室研究项目，作为我当时在英国攻读第二个硕士学位的毕业设计。

我租下了这间原本是地下室房东自己用于娱乐的游戏室来进行我的项目实践。可以看见，长期散发的油烟和香烟烟雾在潮气的作用下，将整个房间的墙壁都熏成了黄色。墙上还有一把菜刀，这是房东用以自卫的工具。

在采访中，我了解到：地下居民生活圈层同质化很严重，他们缺乏职业发展的可能性。正如这位在花家地南里某汽车修理厂工作的修理工所说："现在很多人非常无聊，只知道房子、车子和女人。由于我的工作原因，我很想学新能源和环保。"这番话让我深受触动。

2014 年年初，我们尝试用技能交换来测试地上地下年轻人之间交流的可能性。通过已成功的"移民"和地下室居民间的技能交换，来帮助地下的年轻务工者拓展他们职业发展的可能性，从而早日搬出地下室。

从 2015 年起，城市污染日益严重，公共资源的承受能力达到了极限，北京市开始人口疏解和产业转型。地下室首当其冲，不再允许住人。大量地下室被主管部门收回，开始寻求" 以洞养洞 "的新策略。

2014 年年底，我回国，受北京亚运村街道办事处的邀请，开始对安苑北里 19 号楼的一处闲置地下空间进行社区调研和改造，并正式成立了"地瓜"，开始了对未来社区的探索之旅。

2019 年，时隔四年，我们终于重回花家地小区，在这里建立起了"地瓜 3 号"。没想到当初从这个小区开始的毕业设计，居然能坚持并发展到今天，其中离不开整个社会对"地瓜"的理解、支持和帮助。所以，在"地瓜"步入 2022 年的新阶段之际，我们觉得有必要将自己的思考和经验拿出来分享给全社会。"地瓜"的灵感取之于民，用之于民，我们希望能为新时代的中国未来社区建设贡献自己微薄的力量。

为什么叫"地瓜"？

一是 2002 年我来北京考央美研究生，好友潘凯来火车站接我。还在车上时我就看见他已经在站台上了，我一下车，他就从自己的绿色军大袄里掏出一个地瓜，掰开与我分享。从此，这一幕分享的画面就深深地印在了我的脑海里。二是受到法国哲学家德勒兹的块茎系统（rhizome）的启发，每一个地下空间都犹如地瓜的块茎彼此连接，没有开始，没有结束，每一个点都是加速度。

什么是"地瓜社区"？

"地瓜"通过设计改造，将社区闲置空间转化为新的共用共享空间，同时帮助居民利用自己的知识和技能在空间内为邻里提供服务，以达到公益和商业之间的平衡及可持续的发展，激发社区新的邻里关系，重建社会诚信网络，实践人文地理学家大卫·哈维的"空间正义"（spatial justice）。"地瓜"的使命是让每个人在家门口创造并实现自己的价值，营造"平等、温暖、好玩、创新"的社区文化。

目录

CONTENTS

前言一 / 写在地瓜生长的第七年

文 / 周子书

　　从 2013 年的毕业设计《重新赋权——北京地下室的转变》，到 2015 年成立地瓜社区（以下简称地瓜），再到 2022 年的今天，我长期在社区的共享空间领域开展实践和研究。这个自下而上的社会创新项目，一路走来并不是一帆风顺。我甚至一度得了焦虑症，有一年的时间无法正常地工作。隐忍、孤独、坚持、务实、创新，是我们在成长过程中学到的最宝贵的财富。所幸，地瓜在团队的坚持以及无数朋友的关心下渡过了一次又一次的难关。一次偶然的机会，在清华大学建筑学院唐燕老师的鼓励和帮助下，我终于鼓足勇气，将过去九年的点滴思考与实践记录成书。在清华大学出版社张阳老师的建议下，我们希望总结提炼出地瓜过去的经验，用朴素的语言，以工作手册的形式将地瓜介绍给更多的社区一线工作者，以及广大的"社会设计与社会创新"的研究者与实践者。

　　任何事物都是在"社会过程"中不断演进，地瓜的经验也一样，它只代表了在特定时刻的思考与行动，并非"永恒不变"。地瓜在不断的折腾中，汲取历史的养分，并将不同的社区相互连接在一起，如同块茎系统，没有开始，没有结束，每一个地方都是加速度。

　　地瓜强调"空间自组织"，通过对社区闲置空间的改造，为社区的居民赋予能量和权利，从而产生影响并带来变革，使他们能以新的生活方式参与到社区的变革中来，重组社会空间和社会资本。地瓜尊重每一位社区居民和参与者贡献的共享知识，尽管每一个人的话语和知识结构不尽相同，但这就是多元的社区文化，差异才能形成"势"和动能，差异的链接才能带来新的生产力！因此，在本书中我也想尽量突出地瓜的参与者贡献出来的"差异性知识和观点"。作为地瓜的推动者，我在书中起到一个串讲人的作用，我试图将不同的利益相关者和不同的话语组织到一起。其中有我对地瓜的提问与思考，有我最好的搭档韩涛教授与我的对话，有政府工作者在地瓜调研的观察与总结，有社区居民的反馈和建议，也有团队成员与志愿者的真实感想，更有观察者唐燕副教授从城市规划的角度给地瓜的新启迪。如果读者能从这些"差异性"中重新生产出新的知识，那么本书就真正实现了其价值。

在开始之前，先和大家分享我在书中的几点思考，作为导读。

1. 改造的核心不是空间，而是社会交互的模型。

第一章"地瓜前史"介绍了 2013 年年底开始我在北京地下室做的社会实验项目——如何通过技能交换，帮助当时居住在地下的"北漂"拓展自己职业发展的可能性，从而能早日搬出地下室。这个历时半年的项目帮助当时的我理解了社会设计的要义，设计的重心要从空间转移到人，从功能模型转移到社会交互模型。

2. 发出你的声音的同时，也要聆听他人的声音。

第二章"发起调研"介绍了地瓜社区在建造以前是如何发起、观察、组织和调研的。当面临关系极其复杂的社区以及众多利益相关者时，地瓜是如何用艺术化的投票形式和恰当的沟通语言，在不同话语的社区居民之间创造了富有吸引力的发声渠道与交流平台，为下一步设计工作的展开打下坚实的基础。

3. 设计不是它看起来怎么样，而是它如何运转。

第三章"设计美学"介绍了地瓜的设计理念和标准。分别从社会化空间（空间本身对社会关系的强化）、交互性美学（空间背后的逻辑与故事）、本地化场景（避免机械化的复制）及批判性思维（在危机中发展新思维）

四个方面展开对地瓜设计的思考。同时也介绍了地瓜的品牌建设情况。

4. 耕者有其"共用"田。

在第四章"空间运维"中，受到空间动力学的启发，我认识到改造空间不是我们的目的，而是要寻找人们使用空间的动力。这种动力应该超越传统意义上的社区商业。我认为，挖掘社区自身的生产力并将之放大，才是社区空间发展的根本。地瓜要做的就是帮助每一个人在家门口实现自己的价值。

第五章"城市即人"全面介绍了地瓜在成都市金牛区曹家巷社区展开工作的全过程。从选址、调研、设计、运营、组织融合等多维度展开了具体的分析，特别突出"以人民为中心"展开设计的核心理念，强调"你的未来才是社区的未来"。

5. 只有将更多的空间开垦为"田"，为人们创造更多的工具，才能实现规模化的生产与分配。

在第六章"愿景组织"中，我一直在思考这些问题——如果没有空间，地瓜是什么？地瓜能创造什么价值？地瓜的核心驱动力是什么？如果说创新的本质是资源的重组与再分配，那么地瓜实现再分配的机制是什么？地瓜自身的组织如何实现进化？

目前，新冠肺炎疫情导致北京地瓜被迫临时关闭并寻找新的转型方向。在过去的七年，虽然举步维艰，但地瓜一直在认真做事。因为我们知道认真做每一件事情的意义，就在于看到它的成功与局限。持续行动的目的不是为了复制成功，而是为了突破局限，寻找新的出口，然后一直这样下去，直到领悟生命的要义。

我要再次感谢每一位曾经为地瓜的成长付出过汗水和泪水的挚友，我们正在中国一起创造一个奇迹。因为不可能，所以才值得我们去做。

前言二 / 来自地瓜的引力

文 / 唐燕

　　初识周子书老师，他是会场上的演讲者，我是会场上的听众。从他的演讲中，我能感受到内心的反馈和震动——这是来自地瓜的引力。我是一个城乡规划领域的从业者，在高校工作多年，不时在思考：社会经济变迁对城乡建设和规划工作将带来怎样的影响？就中国改革开放四十余年的城乡巨变来看，每个时期的城乡规划建设工作都深深镌刻着当时当地和当期社会经济的烙印。

　　我们的城市走过曲折低迷的彷徨期，走过热火朝天的振兴期，走过雄心勃勃的崛起期，也走过回顾反思的重构期。显然，当前的城乡规划工作已经和四十多年前截然不同，我们正在从增长与扩张带来的振奋人心中冷静下来，转向更为内生、以人为本和品质导向的城市渐进式可持续发展。这个过程，让曾经作为龙头引领的城市规划这个"指挥棒"变得似乎不再那么绝对权威和高效，而更具社会性的空间问题解决机制则成为日益重要的新话题。地瓜社区正是诞生于这样一个转型的时代，它起因于对城市流动人口的关注，发展于对城市地下空间的存量盘活，兴起于对社会性规划设计的倡导和引领。因此，地瓜是具有天然的探索魅力和性格引力的，它所释放和折射的很多价值，恰恰是传统城市规划和城市建设曾经忽视过、或者并未引起足够重视的地方。

　　北京自 2017 年起逐渐明确了以街道为抓手整体推进"街区更新"、建立"责任规划师制度"、倡导城市空间"共商共建共治"等城市建设新思路。2019 年，我开始在北京朝阳区小关街道担任责任规划师，也正是在这个规划设计"下基层"的新过程中，我真正关注和结识了地瓜。

在和地瓜社区有了更多、更深的交集之后，我们萌生了将地瓜社区的工作整理出版，从而能够影响和服务更多志同道合者的想法——这便是本书得以面世的源起。作为本书创作微不足道的推动人，我是《地瓜社区》的第一个读者，地瓜精神的一位普通推崇者，又或者说我只是一个想尽力推动地瓜去吸引和感染更多人的行动者。本书中，许多内容是以第一人称"我"来加以表述的，在很多情况下这仅指周子书老师本人，而非所有作者。

从各方面来看，地瓜目前是成功的，社会关注和公众支持是其成功的重要源泉，但它的未来依然面临着市场运营、空间管制、社会培育等方方面面的挑战。然而不管怎样，我们对地瓜始终保持信念和希望。因为明天，它就在那里。

绪论 / 地瓜社区撬动城市微更新

文 / 唐燕

从城乡规划视角来看，地瓜社区是对城市闲置或非正式使用中的微空间进行的改造和再利用行动，这种行动涉及的建设规模通常不大（几百平方米），功能上主要服务于社区居民，是一种基于"垂直空间（地下—地面—地上）"理念的城市微更新活动。若更深度地剖析，它是一种结合了政府、社会和市场三者力量的综合性城市空间提质增效行为，这在当下的中国有着特殊的价值和地位。

结合我国的社会、政治、经济转型特征，或许我们可以从社会、资源和以人为本三方面来解读地瓜社区城市微更新的实践意义。

1. 城镇化与新常态："社会"关系调整下的空间生产

2011 年，我国的城镇化率突破 50%，这意味着全国已有约一半的人口居住和工作在城市；2019 年，我国的城镇化率达到 60%，意味着我国有超过 8 亿的城镇人口。可见，我国的城镇化进程已经走完其前半段，在接下来的后半程中，中国城市发展面对的关键问题和工作重心都将迎来新的变化和挑战。吴志强 [1] 在研究世界城镇化现象时指出（2020 年 SORSA 论坛），从国际经验来看，各国在迈入 50% 城镇化率时往往会经历一段低谷期并伴随着城市问题的出现。如英国自 1851 年城镇化率过半，当时经历了严重的环境污染，伦敦成为令人兴叹的"雾都"，马克思深刻批判了那时的英国资本主义；德国在 1893 年迈入这个城镇化率节点，并以粗制滥造和抄袭模仿的"德国生产"及其产品而闻名；美国在 1918 年城镇化率过半的前后几年，刚历经了旧金山的地震，还在纽约发生了制衣工厂烧死 146 位女工的惨剧；日本在 1953 年实现城镇化率超过 50%，却因重化工业导致的污染问题创造了诸如"四日市哮喘"这样的公害病。他同时认为，我国需要通过"智力"创造来避免城镇化迈入人均 GDP 固化在一定水平（人均 1 万～ 1.8 万美元）上不去的"中等收入陷阱"。

2011 年以来，我们最显著体会到的一些"城市病"离不开空气污染（雾霾）、房价上涨和交通拥堵，尽管不能将之与城镇化率进行简单的挂钩，但要解决和应对这些问题显然需要新的城镇化和现代化途径与策略。2014 年，习近平总书记考察河南时，正式使用"新常态"一词来表述中国经济所处的新阶段，即中国经济在改革开放后实现了三十多年举世瞩目的高速增长，与之伴随的是急剧迅猛的城市空间增长与扩张，但当下的经济增速已经开始放缓，经济的发展模式与增长方式开始转向"用发展促增长、用社会全面发展来替代单一的 GDP 增长、用价值机制取代价格机制作为市场核心机制"[2] 等新方向之下。2019 年年底至 2020 年暴发的"新型冠状病毒肺炎（COVID-19）"疫情在全球蔓延开来，一些研究初步估计这将会冲击全球经济整体下滑约 3 个多百分点，也由此引发了有关公共卫生和公共健康、城乡规划方法 [3]、全球化与去全球化等一系列新的思考和反思。

城镇化新阶段、经济新常态、公共危机与公共治理，抑或其他揭示当前我国社会、政治、经济转型的各类事件，无疑都在影响着我们对城市空间属性的认知、空间权益的分配和空间发展的引导。法国社会学家列斐伏尔将"空间"引入马克思的历史辩证法，尝试建立了一种基于"时间—空间—社会"的三元辩证法，他区分了自然空间与社会空间，并认为空间是社会关系的重要组成部分和产物，"空间生产（Production of Space）"与社会形态演变具有本质的内在联系。由此，空间生产理论将

"社会"二字深入镌刻到城市空间之中，促使我们对城市空间的理解不再停留在传统的功能、尺度和美丑之上。

从当下的城镇化进程来看，我们的人口在城乡流动过程中形成了不同的社会群体。城市中的一些"漂泊者"或"暂住者"——在媒体眼中，他们可能是居住在地下室的"鼠族"，可能是仰仗城中村或其他群租房的低租金的"蚁族"，可能是来了又去、去了又来的"候鸟族"——他们居住的空间非常不稳定且常常非正式，但他们又是对城市发展作出了积极贡献的不可或缺的城市成员，对城市的经济波动与变化反应敏感而又脆弱。因此，面对他们以及其他更多的社群，我们的城市空间到底要如何生产才能满足差异化的社会需求？或者说，在新的时代背景下，我们的城市到底应该提供什么样属性的空间？这个问题或许很难简单地做出回答，但至少，城市空间似乎需要更加具有包容性、多元性、灵活性和正义性吧？

地瓜社区改造利用"地下空间"的初始阶段，便关注于转型时期的特殊社会人群及其诉求，尝试通过空间生产来重塑社会关系。这从周子书老师 2013 年在国外求学时完成的毕业设计成果中可见一斑（参见本书第一章"地瓜前史"），他通过对租住地下室的流动人口的观察、沟通与协作，实现了契合他们诉求的地下的空间改造与空间生产。后续，周老师又通过对乡村人群和乡村产业的调查，借助协同合作与设计扶持等，将这种空间和产品生产的社会情怀进一步续延。地瓜的行动让空间的社会属性前所未有地被放大并摆放到公众的视野之中，用"社会关系调整下的空间生产"来回应时代话题，并由此获得了广泛的社会关注与社会共鸣。

地瓜在改造了更多空间并真正走向正式运营之后，其关注的核心依然是空间社会属性，只是这种社会属性更多演变为对更为普适性的居民意愿获取、引入社会和市场力量、利用闲置地下场所、实现空间持续运营等综合性话题的探讨上（参见本书第二章到第五章）——这恰恰与当前我们城乡规划领域热议的"社区营造"和"社区治理"等不谋而合。

2. 存量规划与城市更新：地下微空间作为一种"资源"

空间是一种资源，甚至是人类所能拥有的一种最为根本性的资源。城市更新是古已有之的老话题，但正是空间资源的日趋稀缺，使得自2009年以来，城市更新（旧工业区、旧居住区、旧商业区等的更新改造）在我国城乡规划和城市建设领域多方位兴起，并逐步发展成为国家在新时期的一项重要任务和议题。城市更新是指城市像有机生命体一样，在其发展过程中所进行的对已建成和已使用区域的内部更迭。因此，城市更新常常会相对城市扩张而言，它强调城市内部的空间提升与优化，城市扩张则注重外向的空间增长与拓展。

城市与区域为保持其健康而不能无限扩张，当我们的城市陷入无"新地"可用的困境时，就意味着城市"存量时代"的到来。从国家宏观经济和城乡建设用地的"倒逼"现状来看，以珠三角、长三角等为代表的城市地区，其建设用地已经占到区域总用地的40%～50%而使得城市扩张无以为继，这迫切需要城乡建设实现从粗放到集约、从增量到存量、从制造业到服务业、从生态破坏到环境友好、从追求速度到普适生活等的全方位变革 [4]。顺应这种时代要求，《北京城市总体规划（2016年—2035年）》提出到2020年要实现"城乡用地规模减量"，《上海市城市总体规划（2017—2035年）》也明确要集约利用土地和实现规划建设用地总规模的负增长，即"减量规划"。

城市更新作为当前城市存量发展的重要途径，强调用综合的、整体性的观念和行动计划来解决城市存量发展过程中遇到的各种问题，促进城市可持续发展。2013 年，中央城镇化工作会议明确提出"严控增量，盘活存量，优化结构，提升效率""由扩张性规划逐步转向限定城市边界、优化空间结构的规划"等政策方针，从而将城市更新工作提高到了国家战略高度。2015 年，中央城市工作会议再次指出，城市"要坚持集约发展，框定总量、限定容量、盘活存量、做优增量、提高质量"。近年来，国土部门（新一轮国家机构改革前）也相继发布了有关"严格控制城市建设用地规模"的多项通知。设法利用好城市现有已建设土地，而非继续圈地开发成为城市建设的大势所趋。如何科学全面地理解城市更新的内涵，建立起完善的城市更新制度体系，有效推进城市更新工作的有序开展，是新常态下各大城市亟待解决的现实问题与重大挑战 [5]。

在充分挖掘城市空间潜力的过程中，向地下、向天上要资源已经成为常见的做法，这带来城市中日益增高的天际线变化，以及熙熙攘攘的地铁交通和地下商业等空间的增加。人类开发和利用地下空间的历史悠久，从早期的半地下"穴居"到后来的地下储粮、地下陵墓、矿产开发、下水道设施建设，以及近代的地铁兴建和地下综合体兴起，等等。19 世纪 50 年代，巴黎在地下修建了综合的排污系统；1863 年，伦敦大都会开通地铁；1930 年，日本东京上野站开启了地下街建设的序幕；20 世纪 80 年代，法国巴黎拉德芳斯（La Dófense）中心商务区探索了基于不同空间标高的功能分层利用……地下世界正在因为越来越多人类活动的渗透而变得具有新的生命力。

然而，我国对地下空间的规划利用体系尚不完善和成熟，地下空间的实际潜力还远远未得到充分和有效地发挥与释放。尽管一些相对成规模的地下空间利用现象越来越多，如地下轨道交通系统、地下商场、地下停车场、地下设备层、地下娱乐厅等，但很多零星细碎的地下"微空间"则长期处于闲置或非正式使用的浪费或隐患状态之下。针对这类问题，地瓜社区开启了对许多隐藏在社区之中的零散型地下空间——那些封闭、潮湿、阴暗的防空"地下室"的改造探索之路，它是众多城市微更新行动的一个重要组成部分，它将公众的视野引入了我们常常视而不见的许多地下"社区黑箱"之中。

地瓜社区作为"吃螃蟹"的尝鲜者，由于设计的创意、功能的提升、社会的联动而树立了一个社区地下室改造的阶段性标杆，引领和撬动着同类行动的持续发生。在特大城市，特别是首都北京这样寸土寸金又严格控制规模增长的地区，对任何一类存量空间的积极有效的利用并获得广泛的社会认同，都是十分难能可贵的探索。地瓜社区的空间微更新行动并非想象的那样简单易行，它一方面要面对来自人防、消防等方面的管理规定的约束与要求；另一方面还要面对基层政府是否支持、社区是否认同、居民是否响应、规划与建筑管理是否合法与合规、长期运营是否确有保障等各种挑战。

3. 超越地下空间：基于"以人为本"的城市微更新

针对地下微空间的社会属性与资源稀缺性开展更新改造，离不开基于"以人为本"的设计理念和设计行动。长久以来，"设计"的话语权常常掌握在决策者和技术精英手中，公众只是设计结果的承受者和使用者，一道看不见的鸿沟将普通大众和设计过程阻隔开来。

近几年，我们自觉不自觉地感受到城市更新和城市设计的工作模式正在悄然发生变化，与人民息息相关的设计行动开始迈入"上下联动"的新阶段。这种"上下联动"首先表现在城市设计活动"下基层"，在存量建设与城市更新日益主导城市建设工作的新环境下，国家倡导的"放管服"行政改革将"街道"以及自治的"社区"推举到了工作的一线。责任规划师、地区总设计师、社区规划师等深入地方和基层的身份特殊的规划师们在北京、广州、上海等地纷纷上岗，而他们作为连接上下的"桥梁"和"纽带"，其重要技术工作之一就是以专业设计技能服务基层建设。事实上，在应对城市"微空间"的各种改造任务时，"设计"似乎比"规划"来得更加直接，设计出实施性的方案"产品"而非控制性的"导则"也比以往来得更为迫切和必须。

规划设计工作的这种下沉，显然不是我国的特例。英国在 20 世纪90 年代末就认识到既有的规划体系和政策工具似乎已经不再适应新的社会经济发展需求，一方面，根据《2004 规划和强制购买法》（Planning and Compulsory Purchase Act 2004），英国逐步取消了结构规划和地方规划，代之以地方发展框架、地方发展方案、社区参与声明等内容；另一方面，英国建筑与建成环境委员会（Commission for Architecture and Built Environment，简称 CABE）所推行的"设计治理"理论思想及其实践广泛开展（尽管最后以机构拆并而结束），涵盖非政府公共组织等在内的"多元参与"发展成为城市设计的新思潮。

在新的精细化治理时代，规划设计者不仅仅是设计师或专业技术人员，还需具备"社会活动家"的意识和能力，并逐步走出技术的封闭殿堂，走近社区和居民。大约在 20 世纪 90 年代末期，有关公众参与、社会动员、市民社会等的西方经典论著开始在国内系统性传播，特别是来自英美著名城市规划专家们的相关思考，如保罗·大卫多夫（Paul Davidoff）[6] 等关注的"倡导性规划"（Advocacy Planning）和"多元主义（Pluralism）"；约翰·福雷斯特（John Forester）[7] 和萨格·托雷（Sager Tore）[8] 等探讨的"沟通性规划（Communicative Planning）"；谢里·安斯坦（Sherry Arnstein）[9] 提出的公众参与"梯子"理论；约翰·弗里德曼（John Friedman）[10] 等讨论的"市民社会"（Civil Society）；帕齐·希利（Patsy Healey）[11] 建议的"协作式规划"（Collaborate Planning）等。

此类理论均倡导在规划设计中实现各类群体意志的表达和协商，强调不同群体及利益相关者的平等和公正，重视过程性的沟通和调停，注重公民的规划赋权与赋能等。尽管这些规划思想和价值观触动和影响了很多人，但它们似乎离中国的城市建设实践还很远——彼时从业者们几乎都忙于快速城镇化进程下的城市扩张蓝图和宏伟建设大潮之中。然而十多年过去，现今的中国城市建设已经开始转型到需要"共商、共建、共治、共享"、需要市民参与和社会动员的新阶段，对城市设计的行动路径乃至工作内容和工作模式带来全新要求 [12]。这些要求，从城市设计工作过程来看，规划设计的技术闭环正在被打破，更多元的社会成员或组织开始通过不同途径加入城市设计方案的制定、决策或实施中来；从城市设计决策来看，在"以人民为中心"的设计思想指引下，空间建设的决定权正更多地交到百姓，特别是关键利益相关者的手中；从城市设计实施来看，增强社会凝聚力、培育居民规划设计认知、美化城市环境的行动越来越多。

顺应这种趋势，地瓜社区通过以人为本的设计，借助"参与式"改造，将居民的利益与诉求放在了首位，从而在地下空间营造中植入了更多的价值内涵。地瓜社区对"人"和"社区"的关注贯穿项目的始末（参见第六章"愿景组织"），不仅仅在空间功能上积极回应居民诉求，还创造了多种途径动员居民参与，坚持店长制下的空间长久实施运营等。地瓜社区的实践在一定程度上表明，我国当前的空间设计活动已经迈上新台阶，以参与性、实施性、服务性、陪伴性为导向的中微观尺度的空间设计与改造将随着社会演进实现更为蓬勃的发展。

在信息与通信技术引发"时空压缩"的当下，地瓜社区对空间的人本思考实际已经超越了地下。美国社会学家曼纽尔·卡斯特（Manuel Castells）在其提出的"流动空间（space of flows）"[13] 概念中辨析了网

络与空间的关系，分析了物理的、精英的"流动空间"与地方的、草根的"社
区空间"等之间的二元联系。2020 年开始蔓延的新冠肺炎疫情不仅引发
了后全球化时代的种种反思，还在一定程度上促进了线上空间与生活模
式的普及与强化。当前，地瓜开始探索面向未来的城市空间生产方式，
尝试通过线上空间与线下空间的链接来跨越空间的边界限制，借助关怀、
技术与运营等的集成，将实体或虚体的"空间（space）"改造成有温度
的"场所（place）"。

4. 理想与现实的挑战

综上所述，地瓜社区走在一条不同寻常的路上，这条路因契合了存
量规划时代至关重要的"城市更新"议题、因改变了常常为人所忽视的
地下微空间，因注入了有关"社会关系"和"资本运营"的思考而变得
意义非凡。尽管浸润了汗水，经历了曲折，地瓜已经从众多更新探索中
脱颖而出，周子书老师也在中央美院正式创办"社会设计"专业，通过
理论、实践、教育的齐头并进来传递和推进地瓜的理想，激发更多关于
空间生产的社会关注和综合思考。然而，任何创新都和挑战、风险并存，
地瓜将来的道路还要直面社会培育、空间管制、持续运营、多方支持等
挑战。地瓜是否能转向以空间为载体的新运营——这种运营将居民、设
计者、市场、资本、服务等串接在一起以实现真正持久的"空间价值"，
这尚需要更进一步的探索与观察。

参考文献

[1] 吴志强. 从 8 亿农民到 8 亿城市人，城镇化下一程怎么走 [EB/OL].（2020-04-17）[2020-04-19]. https://web.shobserver.com/wxShare/html/237824.htm?from=timeline&isappinstalled=0.

[2] 陈世清. 对称经济学　术语表（一）[EB/OL].（2020-04-17）[2020-04-19]. https://wenku. baidu.com/view/67e8acbeb4daa58da1114a58.html.

[3] 唐燕. 新冠肺炎疫情防控中的社区治理挑战应对：基于城乡规划与公共卫生视角 [J]. 南京社会科学，2020（3）：8-14+27.

[4] 唐燕. 新常态与存量发展导向下的老旧工业区用地盘活策略研究 [J]. 经济体制改革，2015（4）：102-108.

[5] 唐燕，杨东，祝贺. 城市更新制度建设：广州、深圳、上海的比较 [M]. 北京：清华大学出版社，2019.

[6] DAVIDOFF P. Advocacy and pluralism in planning[J]. Journal of the American institute of planners, 1965，31：331-338.

[7] FORESTER J. Planning in the face of conflict: negotiation and mediation strategies in local land use regulation[J]. Journal of the American planning association,1987,53: 303-314.

[8] SAGER T. Communicative planning theory: rationality versus power[M]. UK:Avebury，1994.

[9] ARNSTEIN S. A ladder of citizen participation[J]. Journal of the American institute of planners. 1969, 35(4): 216-224.

[10] FRIEDMANN J. The new political economy of planning: The rise of civil society[M]//Mike D, Friedmann, et al. Cities for Cities. West Sussex: John Wiley & Sons,1998.

[11] HEALEY P. Collaborative planning in a stakeholder society[J]. Town planning review,1998(1):7.

[12] 唐燕. 精细化治理时代的城市设计运作：基于二元思辨 [J]. 城市规划，2020（2）：20-26.

[13] 曼纽尔·卡斯特. 信息时代三部曲：经济、社会与文化（网络社会的崛起、认同的力量，千年终结）[M]. 夏铸九，等，译. 北京：社会科学文献出版社，2003.

地瓜前史

第一章

Chapter 01

The Pre-history of Digua Community

2012 年 10 月，我开始在伦敦中央圣马丁艺术与设计学院攻读第二个硕士学位——叙事性空间设计。在那里，我学会了问自己一个问题："你为什么要做这件事？为什么要现在做？不是一年前，也不是一年后，而是现在？"同时，我也深深体会到这个世界存在着不同的价值观。次年，我带着这些问题和感悟开始了自己的毕业设计选题"重新赋权——北京地下室的转变"。在早期项目中，我希望通过技能交换项目帮助北京的地下青年务工人员拓展他们的职业发展可能性，从而能早日搬出地下室，因为当时的地下环境并不适合人长期居住。同时我也对北京地下空间提出了新的发展策略。其实我当时也并没有想到这个毕业设计会发展成今天的地瓜社区。更没有想到，我的工作重心转移到了对社会设计教育的研究，以及中国城乡社区营造的具体实践中来。我很庆幸，我坚持了自己的理想，对于当下的选择也很坚定。毕业设计绝对是开启人生机会的又一扇门。

上面这张 BBC 的新闻照片，引发了我对毕业设计的最初考虑。2012 年，在英国曼彻斯特天使草甸（Angle Meadow）一个超市的施工现场，挖出了一个维多利亚时期住人的地下室遗址。天使草甸曾是曼彻斯特著名的贫民窟，并帮助恩格斯形成了他的政治观点。

无人机拍摄的 Angel Meadow 地块 2 的贫民窟挖掘现场。

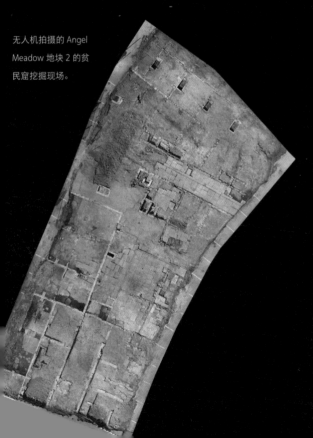

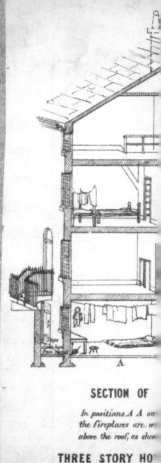

SECTION OF

In positions A A on
the fireplaces are w
above the roof, as she

THREE STORY HO

《英国工人阶级状况》

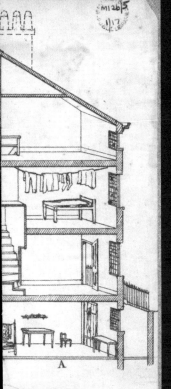

to BACK HOUSES

ls (taken out to shew interior)
carried up, and brought
otted lines.

WITH CELLARS BENEATH.

第一次工业革命后，大量农村人口涌入英国城市。

恩格斯在 1845 年出版的《英国工人阶级状况》一书的第二章"The Great Town"中，详细论述了英国主要城市住人的地下酒窖的诸多细节。（下图为被用于居住的地下酒窖。）

恩格斯

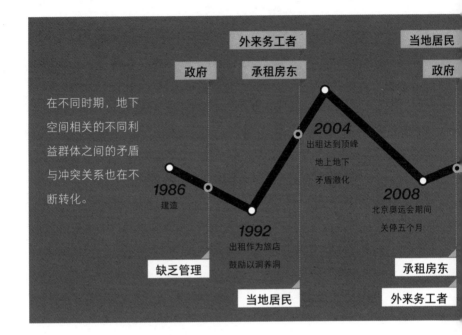

在不同时期，地下空间相关的不同利益群体之间的矛盾与冲突关系也在不断转化。

外来务工者

政府　　承租房东

当地居民

政府

1986
建造

缺乏管理

当地居民

1992
出租作为旅店
鼓励以洞养洞

2004
出租达到顶峰
地上地下
矛盾激化

2008
北京奥运会期间
关停五个月

承租房东

外来务工者

　　我想到，彼时的北京好像也有很多住人的地下室。带着强烈的好奇心，我回到北京，开始对北京的地下室展开研究。自 1986 年起，北京每一栋高于十层的居民住宅都需要修建位于地下二层的人防地下室。但随着时代的变迁，因缺少专项基金维护，又缺少专人管理，许多地下人防工程垃圾成堆，日渐破败。进入 20 世纪 90 年代，有关部门开始提出"平战结合，以洞养洞"的政策，鼓励大家使用人防工程，并收取一定的使用费。当时的承租人开始利用人防工程开办地下旅馆，但数量并不多。到了 20 世纪 90 年代末，随着大量外来人口的涌入，局面开始变得大为不同。到了 2004 年，北京形成了人防工程出租的高峰。很多有梦想的青年来北京打拼，都会选择便宜的地下室作为自己的临时落脚点。也许是因为过去个人的经历，我一直非常关注社会基层人民的生活。我觉得我该为他们做些什么。

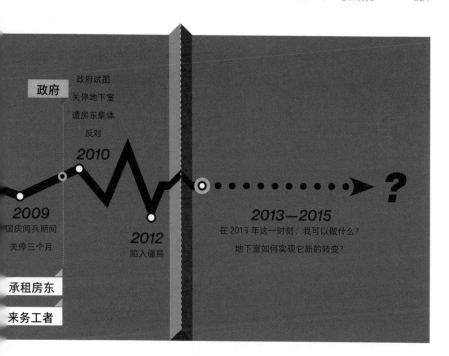

政府

政府试图
关停地下室
遭房东集体
反对

2010

2009
国庆阅兵期间
关停三个月

承租房东

来务工者

2012
陷入僵局

2013—2015
在 2013 年这一时刻，我可以做什么？
地下室如何实现它新的转变？

?

　　首先，我很自然地想到了"知识"，"知识改变命运"，也许我可以在地下室建立一个小小的图书馆，然后邀请全球各大图书馆为这个小图书馆捐书，让地下的梦想青年们能感受到一丝温暖。我将这个想法告诉了系主任 Tricia 女士，她热情地鼓励了我的想法，并立刻带我去了伦敦艺术大学的图书馆，把我的想法告诉了图书管理员，她们听后非常支持，还建议道："是否捐插画类的图书？这样即使是读不懂英文的人也可以理解内容。"我受到了极大的鼓舞，带着这个想法回到北京，住进了地下室，开始用调研去证明自己的假设。在对北京人防地下室的形成和发展历史做出初步的桌面调研后，我意识到，正如英国人文地理学家大卫·哈维所说，每一种社会空间的生产模式都不能回避时间和空间的"规模"问题，因此，我必须选择北京望京社区里的一个人防地下室作为可把握的研究对象。

我的研究议题是：

如何通过对地下室进行重新定义，从而重新赋权于新生代农民工和地下室的利益相关者，并通过一个可持续发展的战略获得"空间正义"，以重建社区的社会关系。

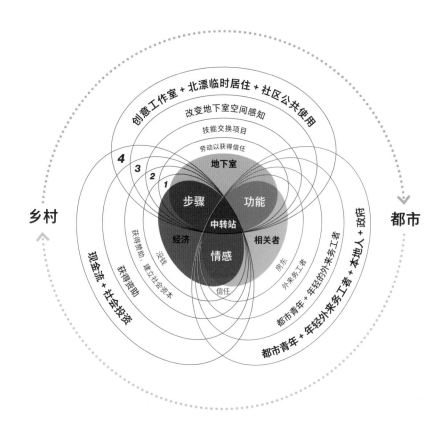

我通过四个步骤来进行我的社会实验：

一、获得信任是展开研究的前提；

二、设计技能交换艺术装置；

三、改变对地下室的感知；

四、建构地下空间的社会交互模型。

第一步，获得信任是展开研究的前提

人们容易带着自己美好的愿望去"主观给予"，我也不例外。我首先遇到的问题就是"信任"。人们并不喜欢那种"自上而下"对他们的审视，以及突如其来的"帮助"。项目开始的时候，我们通过对望京社区的社会构成、房价、房屋租赁情况等方面的考察，对当地社区有了基本的了解，并且发现望京的住人地下室主要存在于"非门禁社区"。

在对地下室进行初步实地考察时，我和助手林木村拿着相机几乎跑遍了北京望京所有的地下室，人们都以为我们是记者，我们很难真正进入这个未知的地下社区。直到后来我们决定放下相机，住进花家地北里13号楼的地下室，切身体会地下室人们的生活，事情才出现了一线转机。

在前期的调研过程中，大多数的房东都拒绝接受采访，我们被认为是记者。

第一次见到我们的时候，房东青满是怀疑和困惑。我用了两个小时和他谈项目，但没有结果。
然而当我第二次去地下室试图说服他的时候，我发现入口多了一块地毯。事实上，那块地毯是房
东从他房间里拿出来的，他开始敞开心扉与我沟通，三十岁的他不仅同意租给我一个房间做项目，
还愿意与我们展开合作。

左图：我通过扫地来观察整个地下室的细节：比如说根据每个房间门口的拖鞋数量来判断里面住几个人；从垃圾桶里的包装袋来判断消费情况；挂在门口的垂帘既能保证隐私，又能让狭小的房间保持通风。

上图：房东青请我们吃烤肉、喝啤酒。

下图：房东青也帮助我们和他的年轻房客建立联系，图左两个年轻人在附近的一家高档餐厅做服务员。

地下室邻居——烤鱼店的厨师特意买来香蕉向我们表达他的感激之情。

在那段时间里，我学会了三件事：

第一件事：

劳动可能是最好的、也是最平等的行动调研方法。让身体示弱，给别人制造安全感。因此，我选择了扫地作为开始。人们都很诧异，我为什么要给大家扫地？事实证明，这是行之有效的。有人开始给我送香蕉，邀请我去吃烤鱼，大家对于愿意默默付出的人总是心存善意的。渐渐地，大家开始彼此熟识。

第二件事：

想象和实际总是有区别的，如何从现象中找到"问题产生系统"中的那个撬动点，这是至关重要的。在我说出了那个图书馆的想法后，大家似乎兴趣不大："一天工作下来都这么累了，玩会儿手机就睡觉了。"我发现距离地下室不远的地方就有一台"24小时自助图书馆"机器。我在那里站了一天，发现并没有什么人借书，反而是到了晚上，很多人跑到它的背后去"方便"。也许这里需要的是一个公共卫生间。

第三件事：

耐心对待，并随时倾听，而不是你一味自我输出般地喋喋不休。有一次，我在地下室门口遇见一位阿姨，她站在那里好久，一动不动，目光凝重，我好奇地走过去和她打招呼，她并没有理我，我就在边上陪着她。过了好久，她突然一下子垮掉并哭了出来，开始向我讲述她被雇主欺骗的故事……她的遭遇让我意识到，原来我平时生活的望京并不只有艺术家，还有太多其他职业的人们，我的世界开始被打开。

在逐渐获得地下室的房东和居民的信任与支持后，我才有机会对地下室居民进行采访，了解到地下室年轻人的真实状况：①他们很希望改变未来，但不知道如何去改变，对于潜在的职业发展机会完全不了解；②他们的社交同质化；③每天工作 8 ～ 12 个小时后，他们希望采用面对面的交流学习方式，而不是通过书本来学习。

那段时间，我经常去做足疗，原因是我发现很多足疗师都住在地下，我想了解他们的生活状况。他们的收入还是不错的，就是辛苦，很多都是夫妻两个在北京打工，孩子在老家，住地下室就是为了省下钱寄回老家盖个房子，或开个自己的足疗店。在调研的过程中，我发现了一件有趣的事情，有一个年轻的女技师刚来足疗店工作了半年，突然辞职去做导游了，可三个月后又回来做足疗技师。通过了解我才知道其中的原因。原来大多数来北京打工的人的工作都是老乡介绍的，在来北京以前就已经知道自己要干吗了，但来了以后发现这份工作好像不太适合自己，又听别人说某个工作似乎更赚钱，于是就去尝试，但结果发现还不如自己最初的工作，所以就又回来了。

还有一个例子，我在地下室遇见了一个 18 岁的锅炉工，他高中毕业后就跟着父亲来北京打工了。他听朋友说做平面设计赚钱，于是他花了9100 元报了一个软件班学 Photoshop，但发现拿着培训证书的他并不能成为一个真正的平面设计师，便又回去做锅炉工了。为此，他写了一篇文章《人生两个陷阱》，认为第一个陷阱是和别人做比较，第二个陷阱是证明自己。

由此可以看出，年轻的外来务工人员获得职业发展的机会成本是非常高的，于是我们设想是否可以通过技能交换项目来尝试拓展他们的职业发展可能性。

为此，我们展开了第一次技能交换测试。

这个小伙子想成为一名平面设计师，在花了 9100 元去培训班学了几个设计软件后，他还是成不了平面设计师，因为那不只是学软件的问题。三个月后他又做回了原本的锅炉工。

小周 / 32 岁

软件工程师，有心理学专业背景，
想把理疗和心理治疗结合在一起。

小赵 / 25 岁

足疗师，职高读的是计算机，
职业发展想尝试软件设计。

他们两个人在我们租下的小房间里进行了第一次技能交换测试。用房间里以前居民用的床当作技能交换的椅子。小周向小赵介绍了软件工程的职业发展前景，小赵向小周展示了如何进行按摩理疗。虽然小赵最后觉得软件开发还是不适合自己，但双方均表示这次的交流体验还是非常好的。

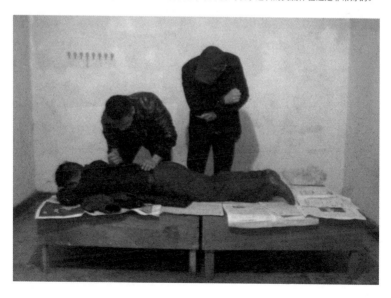

在两轮测试后，参与者发现技能交换是个很有趣的体验，对他们
也很有意义。但我们在反馈中也发现，如果我们能改善地下室的
环境条件，那么将更能吸引大家的参与。特别是当地下室的年轻
人在环境更好的地下室面对地上的年轻人时，他们将变得更有
自信。

在保留了地下室原始美感的基础上，我用最简单的材料和适当的
空间尺度，塑造了一个"异托邦"的空间。正如法国著名的哲
学家与社会思想家福柯所说："异托邦的最后一个特点是它具
备一个相对于所有空间都保持的功能——此功能在两个极端之
间展开。它们的作用都是创造幻像而使原本的空间更为真实。"

我一直在尝试使用异托邦的美学运动来把梦幻般的地下空间呈现给公众。一方面，那些地下室的年轻人希望赚了钱以后能回家乡盖一座属于自己的房子；另一方面，他们又希望保留目前地下室残酷的现实，这可以提醒并激励自己更加努力去改变现状。基于以上调研，我们用涂料刷了一个"白屋子容器"。

与此同时，我们还在"白屋子容器"里设置了摄影工作坊，邀请
地下室居民一起来拍全家福。房东说这还是他们一家第一次拍全
家福。两对情侣非常开心地留下了他们在北京的记忆。

哦，这是一个单身。

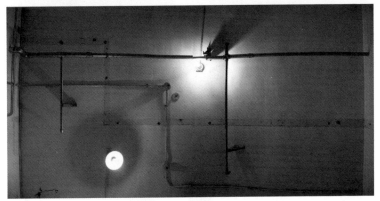

第二步，设计技能交换艺术装置

设计一个技能交换装置作为工具，以便实现地上和地下的青年人之间的交流。

一个住在地下室的足疗工告诉我，挂衣钩是他们最常用的日常用品，而且携带方便。我更是在同一个地下室的房间内发现了六个不同的挂衣钩，都是以前的居民搬走后留在墙面上的，每一个挂衣钩都像是一个个不同居民的表情。晾衣绳和挂衣钩都成为外来务工者在地下室里物质实践的象征符号；而人们在墙上的留言和色彩鲜艳的海报也传递出他们迫切想要改变这个冷酷的地下物质世界的欲望。

我用彩色的晾衣绳重构了一堵之前已经被拆毁的石膏板隔墙；房间左右两边的墙上分别画了一张中国地图，但左边的墙属于来自地上的人专用，右边的墙属于来自地下室的青年专用。例如：如果地下室青年想和别人进行技能交换的话，只需要用一个代表自己的挂衣钩粘在墙上地图中自己所属的省、区、市中，然后用一根彩色晾衣绳的一端系在钩子上，并把自己写好的交换信息卡挂在钩子上，我们的团队志愿者会通过微信将地下室青年的信息发布在我们的微信公共平台上；如果地上青年发现有一个自己的老乡需要帮助，并且希望进行技能交换，我们团队就会通过微信为双方约好时间，然后来我们的房间进行交换。

在交换完成后，地上青年就会把地下室青年先前用的那根绳子的另一头系在自己的钩子上，从而实现了一次交换。通过每一次的交换，整个"墙"将会逐渐转化成一个"屋顶"。我们希望将人和人之间信任的建立进行可视化的传递。

这是一个基于"关系美学"的技能交换装置，我用彩色的晾衣绳、挂衣钩、中国地图以及中国人潜意识里的"老乡"观念，在地上和地下的人们之间建构一个潜在的交互模型。所有的参与者都不自觉地成为了这件艺术装置的创作者。更重要的是，装置所呈现的是地上和地下人们之间的互信关系，是重建社会关系的可视化过程。

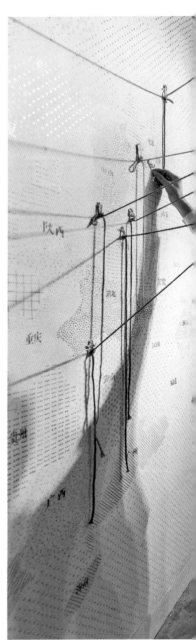

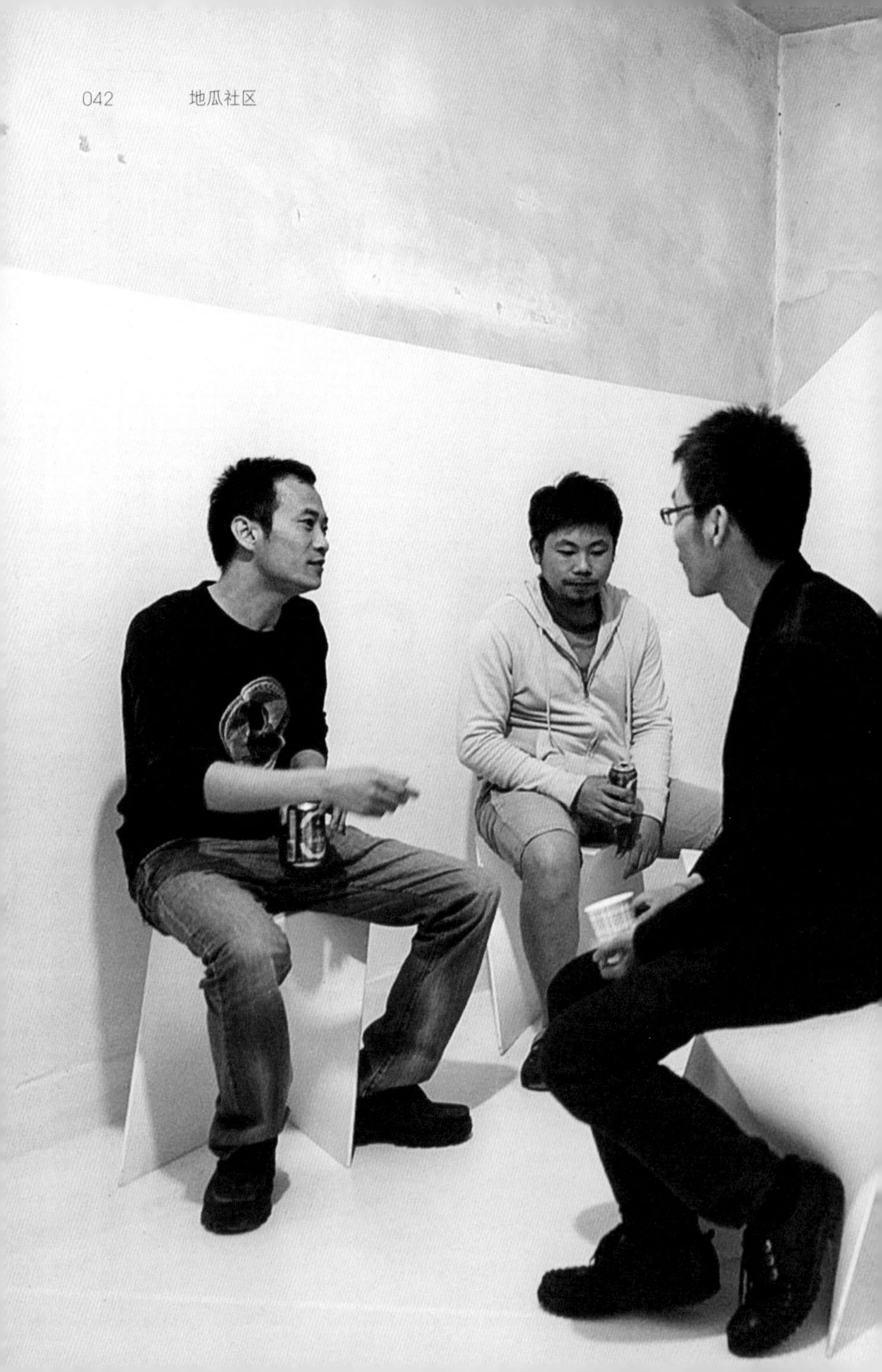

在两步测试后，虽然大家都觉得技能交换很
有意义，但大家还是觉得如果地下室的环境能再
稍微好点，大家可能更愿意来参与活动，地下室
的年轻人也会觉得在面对地上年轻人的时候会更
自信。于是我们进行了第三步测试。

第三步，改变对地下室的感知

　　我们把地下室入口的大门颜色刷成了地面上居民楼的颜色，让这个门看上去好像是后面居民楼的主入口。

　　我们同时把地下室入口处的招牌做了一个很小的改变，就是把"地下室"三个字中的"下"做成了可以转动的字，在小马达的驱动下，这个"下"字会非常缓慢地转成"上"字，所以看上去这个招牌一会儿是"地下室"，一会儿是"地上室"。在这个"小改动"完成之后，几乎每个经过的人都会在门口停下，看一看地下室的入口广告牌。他们中许多人觉得这很有意思。这个会动的招牌也促进了人们对地下室的思考。

作为地下室最大的公共空间，核心走廊使用率最高，这是我们做出初步改变的最好选择。由于这是人防工程，所以我们不能做结构上的改变，只能从颜色上进行改造。

当地下室的年轻人晚上下班回来，穿过核心走廊的时候，迎面看到的是温馨的黄色；当大家早上出门上班时，看到的是充满希望的蓝色。

同时，我们试图把整个地下室理解为一栋横向的摩天楼，并且运用一系列彩色的楼层导示数字系统改变了整个走廊的感觉。地下室的年轻人都表示非常喜欢，充满了活力。很多地上的年轻人都不敢相信这是以前的地下室。事实上，我们的技能交换屋在"三楼"，当我们举行活动时，大家从入口处进来，可以很轻松地找到我们的房间。如果是以前，每个房间都一样，还是很难找的。

此外，我没想到的是：由于预算有限，我们只是刷了核心通道，其余那些分支走廊依然是破败不堪。房东在看到巨大的反差后产生了触动，拿起我们剩余的涂料，开始自己去刷那些分支走廊。这也算是一种自发性吧。

我们也尝试用不同的楼层编号来把整个地下室变成横向的"摩天楼"，这有助于我们在地下室建立方位感，并为未来设定了一个叙事性环境。

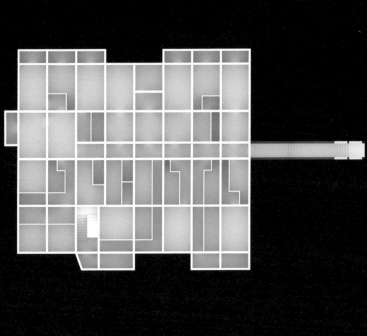

被当作地下旅店出租的房间是一个个被割裂的社会结构。

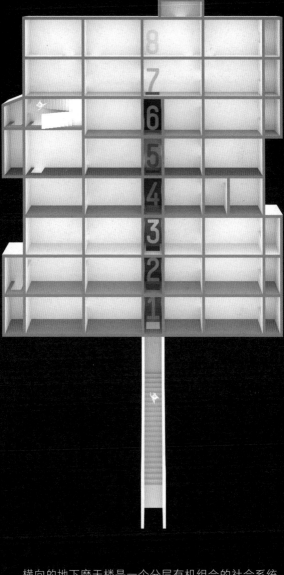

横向的地下摩天楼是一个分层有机组合的社会系统。

地下一层变成一层（ground floor）。

地下居民晚上下班回来看到的是温馨的黄色。

当他们早上出门时看到的是象征希望的蓝色。

地下空间的社会交互模型

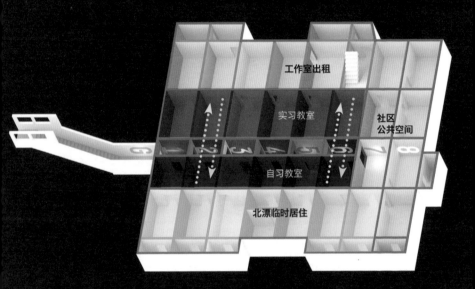

工作室出租

实习教室

社区
公共空间

自习教室

北漂临时居住

蓝色带窗的部分供青年农民工临时居住；
红色部分供出租作城市青年工作室；
黑灰色部分是半开放空间，供青年农民工和城市青年交流学习互动；
白色部分供社区公共休闲使用。

第四步，建构地下空间的社会交互模型

基于调研，我认为北京的人防地下室可以在未来成为连接农村和城市的中转站，把人防地下室转化成一个为期三个月的都市工作坊，一年将举办三次。

根据北京的城市区域产业划分，可在不同区域的地下室里设置不同的课程。以我们现在研究的望京社区为例，对数字创意产业感兴趣的新生代外来务工者可报名参加我们的工作坊，在缴纳一定的费用后，我们的地下室的最右边一排房间可用来给他们临时居住三个月（因为右边的一排房间都带有半地下的窗户）；同时，我们将地下室最左边的一排房间开发成可短期租用的工作室，提供给年轻的设计师或艺术家；然后我们把核心走廊两边的房间变成教室。

凡是来租用我们工作室的设计师或艺术家必须每周给住在另一边的新生代外来务工者上两次与设计或艺术相关的课；同样，新生代外来务工者需要为另一边的设计师担任临时的实习助手。当然，我们也会为所有人提供知识产权和职业发展的相关课程，希望能通过这样的方式在都市年轻人和农村年轻人之间建立起一种新型的合作和互助关系，也为地下室的经营找到一种符合今天中国发展要求的、新的可持续的战略模式和商业模型。

纵观整体，我们希望在城市和农村的年轻人之间建立一种新的培养和合作模式。通过开展城市互动的短期课程，传授相关的知识给新生代农民工，帮助他们成为城镇化改革的重要力量。我们也希望发展一种新鲜且可持续发展的战略商业模型，针对防空地下室具备可操作性，并适合当代中国生态化社会的发展。

改造前

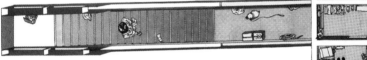

改造前，居民楼下的地下室被分割为很多客房出租给外来务工人员，走廊里晾了很多衣服，约 40 人共用两个厕所和一个刷卡收费的淋浴间，每个 3 ~ 5 平方米的房间内住 1 ~ 2 人。

改造后

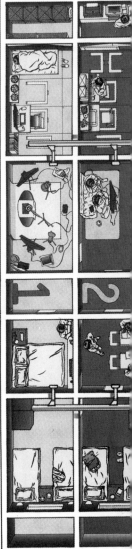

改造后，地卜室将变成一个横向的摩天楼，共有八层。零散的格子间将被拆除，安装新风系统，内设艺术家工作室、农民工都市工作坊、居民活动中心、卫生间、设备间、暗房、摄影棚、技能交换室、画廊、打印室等功能。

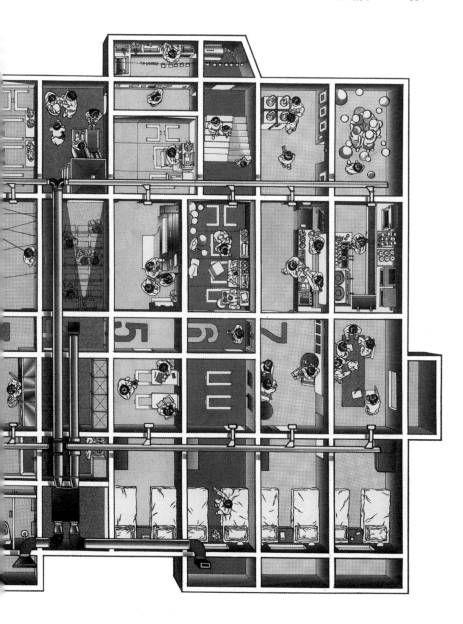

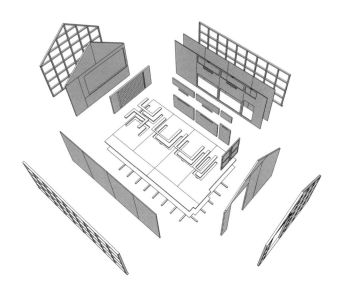

我们采访了一百多位当地社区在设计和艺术领域工作的年轻人，对他们所期许的租赁时间、价格以及他们对空间的要求等做了市场分析。这有助于我们设计出更能满足受众需求的临时出租工作室。

　　为了测试我们最终地下工作坊的想法，我们设计了地下临时可租用的工作室原型。由于这是防空地下室，家具不能占用太多空间，所以我们采用折叠系统来设计这个空间，并且沿用了之前的"白色房子容器"的象征符号，设计了一个新的"木房子容器"。

　　我们一方面保留了地下室原有的美学基础，另一方面用最单纯的材料和适当的空间比例，塑造了一个"异托邦"的空间。正如福柯所说："异托邦，它是空间的两极，一方面它创造出一个虚幻的空间；但另一方面，这个最虚幻的空间却揭示出真实的空间。"我尝试用"异托邦"的美学去向人们展示一个地下超现实的空间。

该项目的结论（2014 年 3 月）

公共资源的问题总是充满争议。隐藏在这些争议背后的是相互冲突的各种社会利益。该项目研究的重点不在于满足特定群体的需求，而是要寻求富有创造性的途径来实现公共利益和空间正义。正如大卫·哈维所说，异质性在赋予城市生活巨大张力的同时，也使城市空间不断被各种社会问题所困扰，从人口膨胀、环境恶化，到边缘群体争取城市权利的斗争等，涉及很多方面。因此，空间正义的建构必须基于这些异质话语，尝试"定义一种能够把各种各样异质性联系起来而不是压制差异的政治学，这是 21 世纪城市化的最大挑战之一"。在本项目中，人防地下室在北京作为一个被异质性临时占据的"异托邦"，正处于不断生成和流变的社会历史过程中，并且这些过程是生态、经济、政治、道德的叠加。而我们尝试在地下室去建构空间正义的主要任务就是要聚焦于当下中国和北京的一系列"社会过程"，梳理和把握好空间生产过程中的主导性逻辑，建构一种基于"过程"的空间正义，把对空间生产的实现过程变成一种在不同时间和空间下的"情境性"的有序组合。虽然社会公正经常被作为一种政治理想与"空间乌托邦"联系在一起。但我追寻的并不是"空间乌托邦"。我只希望通过这次社会实验，开始对地下室未来多种可能性方案的探寻，重新授权给地下室的各个利益相关者，实现在这个特殊空间中的社会公正，重建社会资本。

由于之前的毕业设计在网络上引起了广泛的关注，2015 年年初，北京朝阳区亚运村街道办事处邀请我在安苑北里 19 号楼一个闲置的五百平方米地下空间继续展开我的社会实验。从此，地瓜社区正式开始了对未来社区共享空间的探索之路。在规模、尺度更大的社区中，与关系更加复杂的利益相关者沟通协作，真正把之前的想象变成现实，于我而言，这实在是一件激动人心的事情。

地瓜 1 号，位于北京市朝阳区亚运村安苑北里 19 号楼地下二层

发起
调研

Chapter 02

Initiation & Research

社区共享空间的建造，可以由地方政府作为主要的推动者和引领者，激励社会组织，特别是联合基层居民共同发起，是以居民需求为出发点的建筑与城市空间营造活动。社会设计师作为中间人，发挥着以下作用：协调并管理项目；处理政府、投资者、顾问、使用者和当地居民之间的关系；建立联合设计（co-design）的团队；链接社会资源；运营和维护社区共享空间；提供美学和社会创新的公共产品。当社区包含极其复杂的社会关系，面临众多利益相关者不断变化的各种社会需求时，我们应该以更具包容性的创造性调研形式、艺术性的沟通语言帮助大家去理解和分享，在社区居民之间创造富有吸引力的发声渠道与交流平台，广泛听取不同年龄、不同层面的居民意见和建议。从而为下一步具体设计工作的展开提供有力的数据支撑，打下坚实的群众基础。此外，还应通过活动来观察当地人们的习惯和空间的实际使用情况，进而加深对该区域的理解。

上图与下图：在调研和设计的过程中，我们时常将居民们的意见反馈和设计师的专业意见汇总在一起，邀请亚运村街道、居委会、居民代表、社会组织、地下室的房东、物业公司代表等众多利益相关者一起进行协商，共同讨论方案。这种工作方法叫作联合设计（co-design）。

　　为什么在发起和调研阶段就要特别注意寻找利益相关者？因为这些潜在的利益相关者会是我们下一步建立联合设计（co-design）的团队的重要来源和组成。联合设计的方法可以帮助我们重新审视和分析项目开始阶段的发现；重新界定社区里利益相关方各自的目标和诉求，搞清楚各个问题之间的彼此关联；调解各种利益相关方优先利益之间的矛盾，进而帮助我们制定设计的优先级别，以及项目是否成功的评估指标。用合作设计来实践，或是进行利益相关者研讨会，能让人们回应之前的设计纲要，并提出他们自己的解决方案或概念，这样做能进一步明确设计要求，有时候还能直接解决问题。

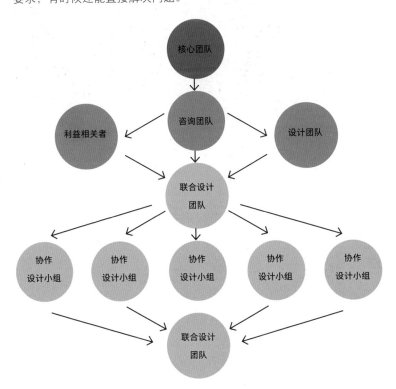

2015 年年初，最早的地瓜团队在改造前的安苑北里地下室的合影。

2.1 / 鼓励青年团队

青年，犹如社区的探针，充满了好奇心与想象力。对于他们而言，这不是一份社区工作，而是社区的寻宝探秘游戏。每个参与的青年，不是语音复读机，更不是宣讲的机器，而应该是激活人们外壳下灵魂的触发器。

青年是社区的未来，蕴含着重塑社区的力量。鼓励更多年轻人参与到社区的建设中来，充分尊重他们自己的参与和表达方式，挖掘和鼓励他们自己的特长和贡献出来的知识，提供给他们更多的发声机会，这样才更能增强他们对社区的认同感和存在感。我们观察、等待、倾听、感受、互动，犹如一部部纪录片的导演，为有趣的灵魂牵线搭桥，将弱小的希望放大传递，抱着诚实的原则和学习的态度来处理每一件事情。

但与此同时，我也意识到，一些青年热衷于游牧式的生活。而面对固定的社区，一旦激情过后，谁才是社区营造里可持续的发动机？哪些人才是社区里真正需要实现自我价值的人们？青年们与他们该如何展开合作？流动的青年文化与当地生活方式的不同所导致的空间美学认知差异，以及不同人群使用场景之间的相互干扰，这些都直接影响了空间的"公共参与性"。

再者，对于那些有志于社区营造的专业青年，我们该如何创造体面的工作机会？除了文化层面的激励，我们更需要建立可持续的社会设计专业类型的社会企业，而不是传统设计公司和社会组织的简单合作。

大狗
地瓜社区志愿者、摄影师

　　大学毕业后，我没有工作，就去做摄影助理和场务。拍广告或者电影的剧组早上五点钟集合，由于离家太远，很多时候我都会住在北影厂附近的北影地下室。房间一天 15 ～ 30 元不等。一间小小的房间，一张床占满整个空间，永远看不到光线。因为很便宜，所以里面住着各种各样的人，各种各样的北漂，很多是剧组相关的人员，灯光群演，男男女女。这里总是飘着一种混合的臭味、烂木头味儿、永远晾晒不干的潮被子味儿，合起来就是一股地下室独有的酸臭味儿。每次出门的时候我都会加快脚步，想早一点呼吸新鲜空气。这样的生活让我印象深刻。

　　认识子书也是机缘巧合，我在四环马路边上站着和子书聊了三十分钟，就决定成为地瓜的志愿者，为地瓜做点事。他把大家从楼上拽到地下，把很多人从陌生慢慢变得熟悉。地瓜是明亮的，干净的，空气清新的，孩子画画，老人下棋，年轻人看电影看书，这和我印象中脏乱潮湿的感觉不一样，这种感觉很熟悉。我觉得地瓜吸引我的地方是人和人的联结，真实情感的联结。我喜欢子书，我愿意为我的朋友，也愿意为更多的人去做些什么。

MMP
地瓜社区志愿者

第一次看到周老师地下室改造的文章，暗黑脏乱的地下室以整洁有趣的互动空间再次呈现的时候，对设计向往的我，对地瓜寄托的是一份单纯的向往：你看！我喜欢的东西真的可以化腐朽为神奇！

第一次参加完地瓜社区组织的墙壁粉刷活动，我就正式成为地瓜的忠诚志愿者了。后来地瓜陆续举办了圣诞节活动、小年夜派对、绘画活动，建成了理发室、图书区、健身房，这些变化都让人目不暇接，觉得新鲜有趣。那段时间，安苑北里社区的地瓜像一个小小的魔法加油站，每次见到它我都在心里说："Wow！"像是为了见证设计的魔法，我不停地回到那里做志愿者，带社区小朋友画画，帮来参加活动的同学录下新年愿望，和人类学的志愿者一起做社区调研，参加周老师组织的志愿者交流会。

北京因为城市的特性缘故，从不乏新奇有趣、充满创意的东西，你方唱罢我登场。而地瓜也因为持续关注的缘故，让我感到"润物细无声"。它不是一个止步于美学、创意的设计项目，而是扎扎实实地成长起来了，在不同的社区扎根，把这份美与创意，用服务周边人群的方式带给更多更多的人。

李鸿瑞
地瓜（成都）前负责人

　　五年前，我作为志愿者加入了地瓜。五年后，当我写下这段文字时，身份却已转变成地瓜团队的一员。

　　最早知道地瓜，是因为在清华大学TEDx的讲座中听了周老师关于地下室改造的演讲。那年我大二，专业是平面设计，主要就是学习做logo、做海报之类的。那时候从来没有觉得身边发生的一些社会问题跟我一个学设计的学生会有什么关系。

　　虽然这几年以社会问题为导向的设计逐步进入人们的视野，但是在那时候，国内对诸如社会设计、服务设计、系统设计这类新兴的设计学科是完全闻所未闻的。所以周老师和他的团队用设计的角度介入社会问题的观点对我造成了不小的冲击，我觉得很有意思，这也是我最开始想要成为一名志愿者的动机。

　　成为志愿者之后，地瓜的大多数活动我都会去帮忙，从雨天铲渗入地下室的积水到帮助地瓜的工作人员筹备各种活动，再到之后地瓜2、3、4号的前期调研。最早带着我做人类学调研的是乙漾姐——一位来自美国布朗大学人类学专业的华裔研究者。她带着我和其他志愿者到社区里调研，她教给我们方法观察社区居民的行为，并指导我们对观察得到的信息进行分析。那时虽只是初步接触人类学，但也为日后我研究地域问题、出国求学埋下了一颗种子。直到现在，从人类学角度出发对事物的思考已经成为我构建自己思维认知的一部分，它帮助我用一种新的视角去看这个社会，以及所处其中的人。这大概也是我成为志愿者得到的最大的一笔财富吧。

大学毕业后，我去了日本，起初还是打算去学平面设计的。但在日本的那两年，没事的时候我就喜欢去书店看书，了解了一个在日本已经非常成熟的领域和学科，叫作地域再生（まちづくり），大概意思就是说对于原本已经没落的地域，通过设计、企划、再开发等手段，让这个地域重新恢复生机。地域再生这两年也逐渐在国内开始兴起，被称为社区营造（community design）。与之相关的领域在日本已经有了二十多年的发展历史，有非常丰富的成功案例，日本政府甚至将"地方创生"（与"地域再生"意思相近）上升到了国家发展战略的重要位置。我个人一直认为，从很多层面来说中国和二十年前的日本社会有很多非常相似的地方，虽然文化和政治各不相同，但是事物都有其发展的客观规律与相似性。所以我就坚信，这些方法论与案例终有一天能为中国所用，而且曾经作为地瓜志愿者的经历也让我当时对这件事充满信心。

回国后，一心想着可以将自己所学到的知识用来做点什么的我需要一个平台。而如今的地瓜已经从地下生长到了地上，从北京生长到了其他城市，也从社区发展到了地域。我在这里看到自己未来在地域再生这条路上可以继续走下去的可能性，于是我选择成为了地瓜团队的一员。

此时此刻，我正在成都一个叫作曹家巷的地方。我带着成都的志愿者和年轻的大学生们观察着这里的街道与社区，觉得他们就像当年的我一样。最早，地瓜影响了我，在未来的这条对于地瓜来说陌生的道路上，我希望用自己的绵薄之力反过来去帮助地瓜走得更远。

学科	社会学	人类学
视角	宏观	微观
方法	问卷	访谈
信息	数字	话语、故事
结果	概况	具体

对于小尺度的社区调研，地瓜以人类学的方法为主，社会学的方法为辅。

这是因为，社会学通常从宏观的视角，以问卷的形式，从数字信息中，获得对区域的概括了解。但往往在问卷设计的环节，就很容易陷入困境，更不用说问卷的发放，很难进行人群全覆盖，人们面对专业的问卷，也几乎不太可能认真地回答，要么应付，要么索性拒绝。

而人类学则采用了微观的视角。通过与具体的人聊天，从其所描述的故事背后，我们就很容易分析出其具体的想法和社区的周边日常生活。并且，我们还能从不同的人对社区的描述中，发现其内在矛盾和因果关系。这一点，仅凭观察和问卷，是无法获得的。

2.2 / 用人类学看社区风景

有时候，我们习惯将自己的想法施加于别人，也总以为别人会和自己想的一样。有时候，我们会不自觉地去定义弱者，觉得当别人不如自己生活得好的时候，就想用自己认为正确的方式或者媒体认可的方式去同情弱者，也不管别人是不是真的需要你的帮助。殊不知这是一种权力不对等的同情，很多时候我们的同情只是为了满足自己内心的需要。

在 2015 年暑假的两个月中，地瓜团队在安苑北里和安慧里社区的地上和地下进行着深入具体的调研工作，了解当地社区的价值观以及人与人之间的关系。地瓜成员之一——美国布朗大学人类学专业毕业的徐乙漾带领着地瓜团队和志愿者努力用人类学的方法来欣赏我们别样的社区风景。

我记得当时令我印象最深刻的一个故事就是，有一个小伙子，我们明明知道他住在地下室，但当我们和他聊天的时候，他却否认了。他并不愿意被人贴上所谓"鼠族"的标签。这件小事引起了我很多反思。从此以后，我在话语上尽量避免使用"鼠族"和"北漂"等这样的标签词汇。地瓜希望营造的是平等的"空间正义"，而不是充满了"歧视"的话语空间，即使是为了学术的需要。

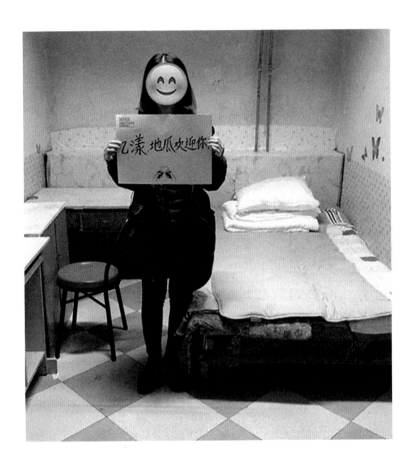

正式加入地瓜前，团队安排徐乙漾住进了安慧里的地下室。在接
下来的几周里，她体验了地下生活，并对周边的社区进行了人类
学的调研。在这里，我们选取了她的三段小笔记，和大家一起感
受一下社区的风景。

看礼花是我在北京最快乐的时刻

2015 年 6 月 24 日 16：00

受访人：BC

地点：他住的地下室房间，很小。他坐在床上，我坐在旁边椅子上。

描述：BC 是个小区保安，白天休息，晚上工作。他来自东北，但在北京已住了 13 年，今年 43 岁。

我问 BC：“来了北京之后最快乐的时刻是什么时候？”

他回答道：“2008 年奥运的时候，那年快乐，那年人也多，尤其是开奥运会那时候治安管得严，我们上班也好办，那时候都给发衣服，发一个白短袖，上面印着‘首都治安志愿者’。我现在还有呢，我就穿那几天，过几天我就不穿了，难看死了。奥运会的时候我们在家里搭的火炕，晚上我爬在炕上看到鸟巢放的礼花。30 多里地都看到了，晚上 8 点 08 分，邻居都看电视，我不爱看，电费还贵，1 块钱 1 度，我嫂子在隔壁的屋，他们家电视就响着，声音太大我就敲敲墙，‘小点声，你们不睡觉我也要睡觉’。那时候我觉得挺好玩的。再一个，去年也很好玩，开 APEC 会那天晚上礼花特别好，就是手机太小，照相照不好。”

反思：

当听他描述他的最快乐时光时，我可以感受到他的兴奋，即使他比我大很多，而且有着完全不同的背景，我依然可以想象他所描述的场景。可以说，如果我一直问下去，他愿意讲述他的一生。

问题来了，他如此兴奋回答的方式不禁让我困惑：以前有多少人问过他问题呢？又或是他有过多少次机会能和别人分享他的故事呢？

对我来说，当被人问到自己的观点时，那是一种获得尊重的体现。这就是为什么我们看到名人时常被媒体采访，会认为那是“成功”的体现。

人们想知道那些 CEO、演员、艺术家，以及政治领导人的想法。而对一个普通人来说，被询问和聆听可能是一次受宠若惊的宝贵机会。我知道在我自己的生命中，很多时候都是在他人给我讲述自己故事的机会中成长并成熟。

对于很多不理解我工作的人来说，他们诧异为什么我不去采访专家或著名的人。"对于一个地点和社区来说，每天生活在那里的人才是专家，就像 BC。"我想这可能是最好的回答。

安慧里公园好孤独

2015 年 6 月 24 日 19:30

受访人： XY

地点： 安慧里小区公园

描述： XY 是 1994 年出生的河南人，读完高中就决定来北京追求一种独立的生活。他目前正努力成为一名金融理财师。

那天我们是晚上 7:30 在公园见面的，旁边都是人，大妈在跳舞，小孩在玩儿，老头在遛狗。我看到安慧里公园那么热闹，我就问他在这儿每天逛有什么感觉，他说他在公园里"特别孤独"。这让我感到很诧异。

反思：

这个空间是真正字面意义上的"公共"的吗？看起来这个空间只是在被几个群体使用，而不是更多的人。例如，我知道，在一天中特定的时刻，公园的一角被全职妈妈占用；每组跳广场舞的大妈都有她们各自的地盘；那些打篮球的男孩子们也都拥有他们自己的微信群。

问题又来了。那么每个社群对他人加入的开放程度会是怎样呢？好比如果我要加入一个全职妈妈的群，前提是我有孩子并居住在安慧里小区，并且愿意每天在特定的时间段带着我的孩子环行在小区公园里去谈论特定的话题；如果我要加入广场舞大妈的群，我可能要达到一定的年龄，并缴纳一定的费用；即使是那个篮球群，我也观察到他们的微信群里并没有女孩。这是为什么呢？男孩们也并不能确定原因，女孩们看上去更愿意独自玩投篮，而不是加入一个团队或者和男孩子们一起玩。不管每个社群在技术上是如何的对他人开放，抑或是空间如何的"公共"，事实上它们都有自己的阶层和排外的模式。

看别人的社交反而让人们意识到自己的孤独是不是一个在城市普遍存在的现象？而对于北漂来说，他们感受到的社会排外则更加强烈吧。

我在北京，但又没来过北京

2015 年 7 月 28 日 14：00

受访人： AZ

地点： 理发店

描述： AZ 是个 1995 年出生的热心肠理发师，他是两年前来的北京，老家是吉林。我问他通常是怎么过周末的，他说："一个月只有两天能休息，但不能是周末，因为这个行业周末比较忙。两三个人可能一起去北京的景点玩一玩，集体的活动也只有在下班以后。因为来的时间不长，很多景点我们没有去过。像我来两年多几乎就没去过什么景点，因为我也出不去，出去也是自己一个人，自己一个人也不想走。"

反思：

他说到想去看北京景点的时候，我意识到一个问题：很多来京打工的年轻人在来北京之前脑海里都会有一个想象中的风景，可当他们真正来了以后却不能体验到他们脑海里的北京。我不禁反问自己，到底哪一

个才是真正的北京呢？

　　我还注意到另一种现象：一方面，很多刚来北京工作的年轻人（16～20岁出头）很想去看他们在老家时想象中的北京风景，却没有足够的时间去欣赏；另一方面，很多已经在北京站稳脚跟，稍微年长些的年轻人（25～35岁）却渴望在周末暂时离开北京，去往郊区或别的城市。

　　这种并置现象让我觉得很有趣，因为这意味着前者向后者的转化，而且他们大多数都是非京籍年轻人。那么前者是否会渴望成为后者呢？如果是，那么他们说自己来北京的目的就是定居、稳定下来，可最终他们成功的标志之一却是具备每周末离开北京的能力。

总结：每个人都有自己心中的小风景，每个人也都有自己的小幸福。有时候，平等对待、耐心聆听就是最大的尊重，才能欣赏最美的风景。

Q: 你是如何度过低谷的?

地瓜对社区居民进行了随机采访: 你是如何度过低谷的?

差异化混合型人群

在这个"流动社会"，便利的房屋出租系统和移动互联网让全世界有着共同想法的人们更容易紧密地联系到一起，人们的身体暂时混居在一个物质形态的社区里，但内心却都通过屏幕链接在不同的世界里。网络平台的智能算法让我们只能看到和自己价值观一样的信息，我们在虚拟的世界里不断获得满足。传统的社区分崩离析，因为当我们把精力投入到在网络上寻找和维护新朋友时，我们就不再需要关注近邻了。毕竟，一天只有 24 小时。社区里的大多数人都是八小时工作制，这些白天在社区消失的人都在为自己的小确幸而努力奋斗，并且时刻准备着移动。即使已经拥有了固定的房产，很多人也在为下一个更大更好的房子而努力。社区里唯一看得见的，就是被科技抛弃的老人，以及被孩子拴住的年轻父母。

我们可以把现代社区里高度流动的"差异化混合型人群"称为"诸众"（multitude）。其中充满了阶层，而不能简单地被划分为老人、中青年、儿童、男人和女人等。我们更需要去看到不同阶层背后的家庭分工，并需要理解：为什么"孩子和狗"已经成为今天社区里的刚性"黏合剂"？为了孩子的成长，相同阶层的家长们是如何共享自己的信息、技能，以降低生活成本，或是体现自己调动资源的能力以得到社群内家长的尊重；老人们之间的权力与组织"边界"又是如何通过"合唱团""艺术团"，或是拥有一块"公共领地"被继续延续下去；他们认为自己辛苦了一辈子，社会是时候该对他们进行无偿地回报了；而青年们在下班之后，更需要一个"可隐匿身份"、能结识"未知可能性"的活动场地。他们的需求和声音都需要被认真对待。这就对我们过去传统的"群众"（mass）工作方法产生了挑战，在社区，我们需要一种新的"空间自组织"方法去有效组织"诸众"的无限能量。

2015. 7. 16 宜苑北里
王蒙

Q: 您经历过最快乐的事是什么?

A: 最快乐的? 我就不喜欢绝对的。

Q: 那么最近让您比较开心的事情呢?

A: 没有最快乐的时候。不过我小时候很喜欢踢足球,一直到现在都很喜欢。
在大学的时候我们学校有联赛,虽然每次上场每次都很紧张,我每次上场之前就跟我们队长说,
队长我好紧张,队长都不搭理我,但那时候挺开心的。

Q: 现在还踢吗?

A: 必须的。

Q: 那最近您有没有情绪低落的时期? 要怎么恢复呢?

A: 低落怎么恢复? 睡觉、深呼吸。如何度过低谷? 其实我是一个内心比较强大的人,我能接受
的事物太多了,低谷什么的我都无所谓,人总会碰到一些这种事情,既然做这个事了,就得把有
可能出现的状况或者不如意的先接受了,你得有这个觉悟。

2015.3.7. 更衣中心
扫也大姐

Q: 大姐我们可以聊会天吗？

A: 俺没文化，不会说。

Q: 我们就随便聊聊，想问一下您最近工作生活上有没有遇到一些开心的事。

A: 俺不会，俺来的时间短。

Q: 没事没事，这是每个人的感受嘛，您是自己在这边还是和家人？

A: 俺给你找个会说的，俺给你找我们那个带班的，他会聊会说的。

Q: 没关系，现在不是没人跟您聊天吗，我就想跟您聊聊。

A: 俺没文化俺不会说。

Q: 没有关系，就随意聊聊开心的事，比如这个社区有没有您比较喜欢待着的地方，或者您就喜欢在这坐着也可以。

A: 嗯……在这坐也不敢坐。

Q: 怕被看到吗？

A: 啊对，俺才坐在这也是。

Q: 您几点下班啊？

A: 八点。

Q: 会很累吗？

A: 天天五点半就起来了，来到这边七点多快八点。

Q: 您来这边打工是自己过来的还是朋友介绍的？

A: 俺打工是朋友介绍来的。

Q: 那您现在会觉得累吗，有想回家吗？

A: 会夏天过来冬天回去，过年时候回家，一个月两千多块钱，天天经理事还多。

Q: 那您想换工作吗？

A: 啊，看有哪个合适的再干，一月两千二百多块钱，还受别人的气，想看看哪的工作有合适的，不受别人气的。

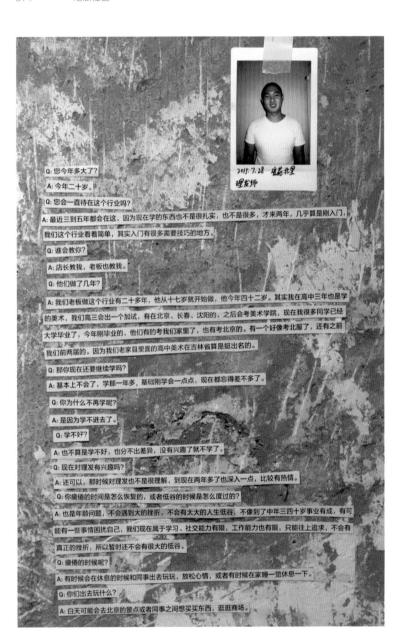

2015.7.28　宜若北里
理发师

Q: 您今年多大了？

A: 今年二十岁。

Q: 您会一直待在这个行业吗？

A: 最近三到五年都会在这，因为现在学的东西也不是很扎实，也不是很多，才来两年，几乎算是刚入门，我们这个行业看着简单，其实入门有很多需要技巧的地方。

Q: 谁会教你？

A: 店长教我，老板也教我。

Q: 他们做了几年？

A: 我们老板做这个行业有二十多年，他从十七岁就开始做，他今年四十二岁。其实我在高中三年也是学的美术，我们高三会出一个加试，有在北京、长春、沈阳的，之后会考美术学院，现在我很多同学已经大学毕业了，今年刚毕业的，他们有的考我们家里了，也有考北京的。有一个好像考北服了，还有之前我们前两届的。因为我们老家县里面的高中美术在吉林省算是挺出名的。

Q: 那你现在还要继续学吗？

A: 基本上不会了，学那一年多，基础刚学会一点点，现在都忘得差不多了。

Q: 你为什么不再学呢？

A: 是因为学不进去了。

Q: 学不好？

A: 也不算是学不好，也分不出差异，没有兴趣了就不学了。

Q: 现在对理发有兴趣吗？

A: 还可以，那时候对理发也不是很理解，到现在两年多了也深入一点，比较有热情。

Q: 你疲倦的时间是怎么恢复的，或者低谷的时候是怎么度过的？

A: 也是年龄问题，不会遇到大的挫折，不会有太大的人生低谷，不像到了中年三四十岁事业有成，有可能有一些事情困扰自己，我们现在属于学习、社交能力有限，工作能力也有限，只能往上追求，不会有真正的挫折，所以暂时还不会有很大的低谷。

Q: 疲倦的时候呢？

A: 有时候会在休息的时候和同事出去玩玩，放松心情，或者有时候在家睡一觉休息一下。

Q: 你们出去玩什么？

A: 白天可能会去北京的景点或者同事之间想买买东西，逛逛商场。

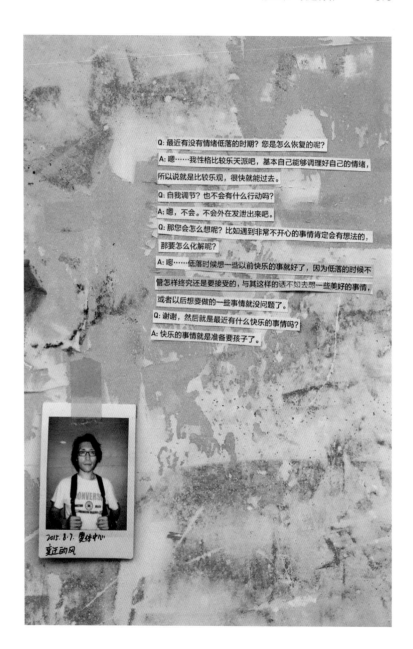

Q: 最近有没有情绪低落的时期？您是怎么恢复的呢？

A: 嗯……我性格比较乐天派吧，基本自己能够调理好自己的情绪，所以说就是比较乐观，很快就能过去。

Q: 自我调节？也不会有什么行动吗？

A: 嗯，不会。不会外在发泄出来吧。

Q: 那您会怎么想呢？比如遇到非常不开心的事情肯定会有想法的，那要怎么化解呢？

A: 嗯……低落时候想一些以前快乐的事就好了，因为低落的时候不管怎样终究还是要接受的，与其这样的话不如去想一些美好的事情，或者以后想要做的一些事情就没问题了。

Q: 谢谢，然后就是最近有什么快乐的事情吗？

A: 快乐的事情就是准备要孩子了。

2015. 8. 7. 婴传中心
变迁的风

区分"想要"（want）和"需要"（need）

经济学家凯恩斯认为：人的需求分为两类，一类是必要的需求；另一类是为了攀比而带来的满足优越感的需求。前者是"需要"，是need，是刚需，是本质；后者是"想要"，是want，是欲望，是表象。这两者完全不同。在调研过程中，如何分辨居民的"需要"，而不是"想要"，这一点至关重要。比如说，他"想要"图书馆，但其实他的真实"需要"是一个安静的空间，一个可以自习的独立空间，也可能是一个以书架作为"景观"用来自拍的空间，更有可能是一个可以带着孩子读绘本的空间。不同群体对"图书馆"空间的想象一定是不同的，只有探究其背后真正的"需要"，才能帮助我们有效地做出决策。当然，设计师的任务就是要将各种不同的想象和需要组织在一起，形成社区的图书馆。这种图书馆一定不是简单的"书架"，而是满足不同人群、不同场景下需求的"使能工具"。

同时，我们也要看到，在社区里还有一种"需要"。那就是各级社会组织的需要，他们同样需要"空间"作为自己的"阵地"，比如说团委、退伍军人服务站、妇联等，还有一些社会组织需要展开服务的"空间"。但通常，它们都是用来被展示和参观的。从居民获得的服务体验来看，绝大部分设施都是非人性化设计的，这也是很多传统社区空间很难真正吸引老百姓去使用和参与其中的原因。他们只考虑"我想要给"，但很少想"为什么他们需要？"

所以，问题的核心就是：我们需要站在一个个真实的老百姓面前，首先要想，他们真的需要什么？我们怎么能真正地服务好他们的切实痛点？然后在服务的过程中，将我们的组织融入具体的场景中，将我们的理念融入具体的百姓生活中。不是割裂组织的存在，而是有机地融入社区生活。

2.3 / 调研的六个步骤

一、了解居民的年龄结构

抽取不同的时间段对每一栋楼的人流量和年龄结构进行统计。这是最直观的了解居民年龄分布的方法。由于人口的流动性太大，很多街道掌握的数据并不准确。南京大学的志愿者们曾经来到北京，分组分时间坐在不同的楼门前，用人工的方式记录下了安苑北里小区的居民年龄分布，从而为"地瓜1号"的建设工作打下了坚实的基础。

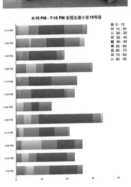

二、观察社区原有公共空间

我们不要急于去建造一个新的空间，也许原有的更好用呢？人们自发去往的空间总是有它的道理的，也许是因为阳光，也许是因为一棵大树，也许是因为可以边看孩子奔跑，边和其他家长交流心得。我们要做的就是去观察它，看看人们是如何利用空间里"原有的一切"进行交往的，思考哪些是可以被复制的，哪些是需要被保留的，哪些又是需要补充和完善的。很

多时候，这些空间并不需要被过多地"改造"，看不出设计的设计更人性化。

三、针对具体社群的体验式观察

在改造前我想初步了解一下社区居民对地下室的感受，于是邀请了四位阿姨同我一起去参观地下室。阿姨们从一开始就不断告诉我："小伙子，你还是不要改造了，改好了我们也不会来的。"但她们还是随我一起进入地下室了。当刚进入半地下的空间时，阿姨们立刻就说："这里也太小了！"我以为是她们确实觉得地方小，但紧接着后面一句就是"我们要来了，老王他们来和我们抢怎么办"。所以这里的核心问题不是空间大小的问题，而是空间管理问题，即未来空间如何被有序地使用。

四、组织居民集体讨论

面对很多矛盾和问题时，我们不要充当问题的焦点，而是组织社区居民自己来相互讨论，我们充当记录者，观察社区内部原有的矛盾，以及居民群体中话语权的主导者——有些人是体制内的，有些人是体制

外的，他们都是我们需要争取的社区力量。
这将有助于下一步居民动员工作的展开。

五、绘制社区的人文地图

我们邀请不同的社区居民在空白的地
图上标注出每个人最中意的社区一角，可
以是配钥匙的地方，也可以是好吃的饭馆
或者自己最喜欢坐的长椅，还可以标注出
自己最讨厌的地方。这将帮助我们用人文
的视角最快速、最直接地了解真实的社区，
并有针对性地了解这个区域的特点。

六、一对一的居民采访

之前几个步骤都是去了解群体，最后
才是去探究群体中的个体。通过一对一与
居民的聊天，从他们讲述的故事中去挖掘
其真实的生活状态。

群体嘴里的社区和个体（特别是孤独的
个体）眼中的社区是完全不一样的。我们的
工作不只是为了满足既有群体的需要，更是
为了将那些在城市中漂泊的"孤独的心灵"
联系到一起，为他们创造一个可以倾诉的场
所，哪怕只是能将自己的心里话写在墙上。

采访的方法及建议

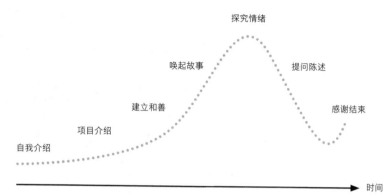

恰当地考虑受访人的社会规则、文化习俗、思想、情感、动机。

采访时有以下几点可留意：

1. 自我介绍一定要坦诚，即使被拒绝也不要骗人。

2. 保持初始心智，不要先入为主。不要带着自己的假设去为了证明而问。

3. 提问：为什么？多问为什么，可以从前后的回答中发现逻辑矛盾。

4. 保持好奇心。你的好奇心和表情可以直接影响受访者的表达欲望。

5. 打破固有的讲话模式。有时候受访者习惯了讲你想听的内容，这时候就需要打破固有模式。

6. 多聆听对方。即使你特别想表达或安慰别人，但你不说，对方可能爆发更多。

7. 永远不要讲"通常"。要具体，具体到时间、地点、人物。

8. 鼓励对方讲故事。故事是一种完整的语境，我们可以从故事中去分析关系。

9. 寻求前后不一致等矛盾之处。如果事情是假的，那前后一定有很多不一致。

10. 中立地提问。这是为了客观地判断，可发现事情的两面性。

11. 不要问双重的问题。例如，如果你问："你爸爸是不是不支持你学艺术？"别人只会回答："是或不是。"应该问："你的家人是如何看待你学艺术这件事的？"受访者就会说出不同的家庭成员之间的关系。

12. 全程记录。在得到别人同意的前提下，尽可能地记录影像和声音，并注意保护特定场合下的个人隐私。

"你知道地瓜的调研过程中最吸引我的是什么吗？那就是每个人在发出自己声音的同时，还可以清楚地看到别人是怎么想的。"——某居民

2.4 / 多样的艺术化投票方式

我们必须聆听社区不同年龄、不同阶层居民的声音，以确保地瓜社区对安苑北里地下室的改造是对社区居民心声的回应，而不是地瓜认为的给社区最好的"礼物"。

　　人们为什么要停下来倾听你说话？我们如何创造一次和公众交流的机会？我们如何能吸引更多不同类型的人来参与？地瓜一直以来都坚持用不同创意形式的"美"进行公共空间改造前的投票。

　　投票的目的：一、了解大家对社区的满意度和需求；二、促进社区居民之间的交流；三、通过地下室模型和投票形式给居民一个机会想象他们想要的社区共享空间；四、让社区居民（不同年龄、不同阶层）共同决定地下室空间的内容和未来的活动形式，从而让不同的"价值观"得以公开呈现；五、建立参与感和信任。

　　在投票过程中，我们通常使用拍立得相片作为"选票"，我们希望这种方式能让居民投票"透明化"——发出你声音的同时，也倾听他人的声音。绝大多数人勇于"露脸"发表自己的意见，但有些人更喜欢"匿名"表达自己的观点。居民手中拿的地瓜 logo（标志）就是用来选择"露脸"还是"匿名"的道具。你可以选择用地瓜 logo 遮住脸，但我们仍然会为你拍照，这张拍立得相片代表了你在社区的存在。

地瓜1号

时间： 2015 年 8 月 19—22 日
地点： 北京亚运村安苑北里 19 号楼下
方法： 将孤独的垃圾车改造为"投票车"

　　我们在安苑北里的社区一角，偶然发现了一辆废弃且孤独的装垃圾的三轮车，于是地瓜联合中央美术学院出行创新研究方向的王选政老师和同学们，一起将这辆孤独的小黄车改造成了一辆"投票车"，并在社区广场上举办了改造工作坊，邀请社区居民一起参与。

　　截至 8 月 22 日晚，地瓜社区在四天（每天 4 小时）中，在安苑北里小区里共采集到 187 份有效"选票"（宝丽来相片头像）。对于社区地下室在未来的使用，大家纷纷提出自己的期待，其中包括了不同年龄、不同职业的居民，也包括了地下室的原住民。

地瓜 1 号居民投票视频

上方多图：地瓜联合中央美术学院设计学院出行创新专业的团队将社区里的一辆废弃的垃圾车改造成一辆投票车，将地下室的空间模型放在投票车上，便于居民了解我们的改造计划，并对地下室未来的功能投票。

投票车改造设计团队：王选政、王志坚、徐天时、张尧佐、宋佳。

下方多图：活动中邀请居民参与进来的话语表述很重要。

一开始，我们看到一个年轻爸爸带着女儿在广场上观望，我们就邀请那个爸爸："来，带着你的女儿来参与我们的工作坊吧？"爸爸无动于衷。但随后，我们其中一个小伙伴对那个小女孩说："来，小朋友，我教你，让你爸爸给你拍照，回去给你妈妈看，好不好？"话音刚落，那个爸爸不自觉地掏出了手机，拉着女儿加入了我们的活动。

节选自《在地语境下的民主设计》

文 / 王选政

　　地瓜社区改造开展前期，希望用民主设计的方式展开社区调研投票，于是就邀请我们进行调研车的设计，在设计时我们围绕下面几个逻辑展开。

　　第一个设计逻辑是要满足功能上的需要。我们觉得三轮车可能是最方便的方式，而且所有调研所需设备搭载在上面即可。

　　第二个逻辑是成本逻辑，即控制它的落地成本。我们在设计过程中用到了模块化的方式，就是让整个成本可控，大概几百块钱就能搞定。

　　第三个逻辑是建构不带有陌生感的体验语境。中国人比较排斥陌生人和陌生事物，这导致调研所需的信任感很难快速建立，很容易想象一台全新的三轮调研车出现在社区内进行调研时会给居民带来的不安感。所以当时我们就在整个社区到处转，然后发现了一辆被遗弃很久的垃圾车，它已经成了整个社区住户记忆里不可或缺的一部分，它能把大家迅速带入新的语境，并能消解陌生感，拉近调研者和被调研者彼此间的距离。

　　第四个逻辑是在地性互动设计呈现。前期，我们用了很多专业的产品设计方法，但是最吸引人的应该是设计过程的最终环节：在广场上和大家一起造车。我们把钢管和在建材市场买到的便宜零件等所有原材料（按设计方案所采购的模块化零件）都摆在社区广场上，并提供了明确的组装方法与工具，号召社区里的人都参与到制造调研车的过程中来。开始的时候，社区里的大爷大妈们确实对我们的行为有质疑，但沟通过后，许多人还是慢慢融入造车的过程中，并最终把车造了出来。对的设计，一定是带有在地性的，并且用户的参与将最大程度地激发设计自身的物质功能和非物质功能。

地瓜 2 号

时间： 2016 年 12 月 22—24 日
地点： 北京甘露西园 2 号楼地下室门口
方法： 圣诞节的礼物

这次投票正值圣诞节，在地瓜志愿者们的共同努力下，我们用木棍和树枝搭建了一头"圣诞鹿"，在居民楼下根据现场的条件布置了一个场景，好似是一头"圣诞鹿"拖着一个"大礼盒"，而这个"大礼盒"就是未改造的地下室入口。我们将地下室的照片打印出来贴在墙上，耐心地邀请居民并逐一介绍，邀请大家对未来的功能投出自己宝贵的一票。

地瓜 2 号居民投票视频

地瓜 2 号开幕时，中央美术学院的志愿者们用木条和树枝搭建了一头"圣诞鹿"。

上方多图：同学们在调研。

下图：周子书和志愿者们冒着严寒给社区居民介绍地下的空间，征求大家的意见和想法。

上图：地下室入口处的投票现场。

下图：用宝丽来相片作为"选票"，组成圣诞树。

地瓜 3 号

时间： 2017 年 3 月 25—27 日
地点： 北京花家地北里幼儿园门口
方法： 种子投票机制

　　在北京大学博物学博士王钊的帮助下，我们将不同的功能对应不同的植物种子，邀请居民将"功能种子"种在地下室的模型里。按照原计划，我们希望将选出的种子按照比例重新种植到社区的花园里，但由于预算和各种问题，该想法并没有最终实现。我们希望有一天这个想法能在某个社区实现。

地瓜 3 号居民投票视频

地瓜小伙伴和中央美术学院的志愿者们

第三章

设计美学

地瓜的设计目标是将空间结构与当地的社会结构紧密联系起来，通过空间的使用规则，在公共与私密、开放与封闭、公益与商业中寻找最大公约数，以追求空间正义和可持续运维。在当下的中国，大量异质文化不断汇聚，形成一个个孤立流动的社区。我们需要在尊重当地文化和历史的基础上，创造一种新的包容性美学，尊重每一个人的创造，用一种模糊的美学界面将本地和外来的文化差异融合起来，并记录下这种差异碰撞的过程。我们也要意识到：美可以是完成社会改良的途径之一，但绝不是根本的途径。正如英国社会学家齐格蒙特·鲍曼所说，"美可以支撑，却永远不会直接提供希望"。我们要避免将美当作一种借口，以此来回避一些现实中的争议领域，仅仅依靠对美的热爱无法帮我们解决生活中的实际问题。因此地瓜所追求的美学，是生长的关系美学，是社会交互的美学，而不是设计师主观的美学。只有经得住日常锤炼的，才是最有力量的美。

3.1 / 两种基础设施

我们先从基础设施这个角度来聊一下。大体来说，基础设施可分为两种——硬性基础设施和软性基础设施。地瓜的贡献在于其基于闲置的硬性基础设施而建构了属于社区的软性基础设施（一种新型的市民空间）。

两类基础设施的区别有三层含义，只有在这些区别中，我们才能看到地瓜出现的意义。

一、两者总体倾向不同。城市基础设施偏工程学（硬），社区基础设施偏社会学（软）。

二、两者功能逻辑不同。城市基础设施的逻辑基于理性可控与效率逻辑，社区基础设施基于社会黏合与包容美学。

三、两者本身都是复杂的多重系统，并且可以相互矫正。

城市基础设施表面上是在建构连接（就像交通设施那样），实际上是在建构区隔（比如，在房地产逻辑中，正是街区的切割塑造了一个个孤立的中产阶级小区）。而社区基础设施的逻辑恰恰相反，它表面上利用的是切割出来的地下室，实际上产生的却是紧密的连接。城市基础设施进化的速度越快，产生的切割与区隔就越多。软性的社区基础设施出现的意义就在于对前者的矫正，正是在切割出来的碎片中，从内部产生新的黏合。

软性的社区基础设施弥补的正是过去仅仅关心速度和资产增值的城市化必然亏欠的社区缺陷。然而一旦我们开始关心社区的社会黏合问题，就

必然会引出一个不得不面对的问题，即社区中私密空间与公共空间的矛盾，以及它们的中间地带——共享、共用和共创的空间。地瓜的实践就是对社区软硬两种基础设施的探索。

硬性基础设施——通风管道的再设计

在战争年代，地下室是躲避轰炸和生化武器的庇护所；而在和平年代，最大的"生化武器"也许就是雾霾。因此，我们为地下空间设计了新风系统，使之成为防雾霾的庇护所。重新设计的新风系统的通风管道不仅仅是管道，也是地下具有通风功能的艺术雕塑。

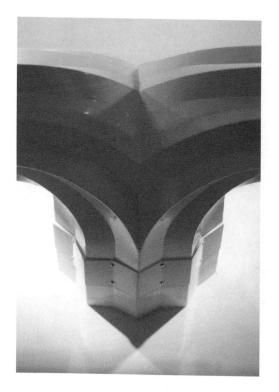

异型通风管节点设计

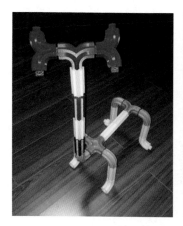

雕塑家匡峻用这些管道模型制作了可组合、拼装的玩具，并组织当地社区的小朋友进行了雕塑艺术工作坊，和大家一起搭建了"啸天犬"。

空间协商
space consens..

在置进对事件的命名状态, 对这

一个主体的位置

物流logi

地下室的层高偏低，管道通常也非常多，我们没有把这些管道视作建筑的局部基础设施，而是把它理解为地下微缩的梦幻城市的公共基础设施。每一根管道粗细长短各不相同，各自流淌着不同级别的知识与信息，微缩的人类景观在管道上时隐时现。我们不再将管道单纯地定义为运输气体和液体的装置，而是一座生动的城中之城。

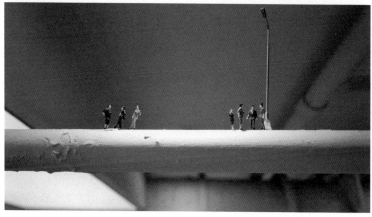

软性基础设施——公共交互的共享理念

文 / 某位政府工作人员

不是所有的公共产品都由政府提供，政府的工作重点是公共的安全问题和公共资源的守护问题，其余的都应和社会协作完成。政府可以通过空间与公共产品之间的交换，补充政府提供的公共服务产品的不足。

如何将我们的公共资源使用的效率实现最大化？当我们的公共资源在政府手中长期没有得到有效利用，或者直白地说，是处于闲置的状态下，我们就要思考它的支配能力和调控能力，以及我们再利用的能力。如果我们能将这种公共资源释放出来，让更多的人能够把它们使用好，同时把它们提供给更多人，这就是一个公共交互的概念。

如何能在公共资源之中，吸引更多人在这里创造更多的公共产品，"放射"到更多人面前，让大家在公共资源中有获得感，这就是地瓜的共享理念。

与此同时，还要注意的是，我们的公共资源如何针对人群来设置。比如，白天针对老人，晚上和周六日提供给青少年，而在向青少年提供的过程中我们一定要换一个新的理念，即不是所有的服务都是免费的。因为对很多需求而言，免费是保基本的，公益是保初端的，更多的差别化和多样化需求需要更上一个层次，有的是高精尖、小众需求，有的是微利、大众化的。我们目前的八小时只是针对了八小时内的人群，八小时之外的人群实际上找不到我们，所以我们可以把空间让出来，采用低价格，却是高品质的。但我们一定要教育、引导并告知，让居民知道我们提供了什么，而不是让大家觉得"应当、应该、早就该是这样"，凭什么我们完全都要免费呢？有的公共服务产品在纯免费的情况下，大多数人是不愿意使用的，因为得不到满足需求的好产品，所以宁愿花高价去别的地方。

以上这几块实际上是需要我们深入研究的。就是要从我们的机制创新、运行创新、管理创新，一直到我们的产品回馈到百姓的创新。

——摘自 2016 年 6 月 7 日北京市朝阳区政府地瓜调研座谈会

3.2 / 设计前的概念讨论

文 / 周子书 × 韩涛

设计共用与共享之间的平衡

在展开设计之前，我们首先需要对两组概念进行讨论——"公共空间与私有的公共空间""共用与共享"。

周子书： 公共空间分为开放的公共空间和私有的公共空间。从狭义上说，开放的公共空间（commons）类似于公园、公共图书馆等，任何人都有权利进入和使用，不分阶层，通常不需要缴费或购票（办理图书证的工本费排除在外），同时可以形成自上而下的集会场所（在中国）。一般而言，公共空间没有隐私期待（expectation of privacy），但首先要确保的是安全，其他都是次要的，只有安全了，人们才会放心地前往。

韩涛： 而类似迪士尼和购物中心这样的消费空间，通常是由私人机构所开发，这些由私人机构创造出来的公共空间，不可能是真正意义上的公共空间，它们是私有化的公共空间，但可以共用。所以我觉得这里边的关键是对"共用""私有"和"公共空间"这几个概念的杂糅。

比如在迪士尼中不允许你发政治传单，在被私人管理的公园中也不允许你夜晚睡在长椅上，在购物中心也不允许你进行政治演讲。在这些私有化的公共空间里，启蒙时代的那种具有政治与社会革命色彩的东西都被抹掉了。这就是左派对这种空间进行意识形态批判的原因。

而进入购物中心就是进入所有权，它让你有自由消费的自由，但是它里面有你买不起的东西，这种排斥是很隐蔽的。目前地瓜如果想要合理运行的话，对迪士尼模型的借鉴与改造是需要的。迪士尼最大的能力不是体现在那些天真、萌化的卡通上，而是体现在它特别强大的对现实的时时监控和可计算性的管理层面。

"平等"是体现在"共用"上，不是体现在所有权上。"共用"体现在监控的前提下，不是体现在激进政治学上。"共用"的前提是对很多行为的限制，必须在允许的范围内共用。

周子书： 是的。在今天的中国现实环境下，地瓜目前还是要有必要的监控设施，以确保基本的安全，未来也许应该推行实名制。

我一直倡导大卫·哈维的"空间正义"（spatial justice）。这里的空间正义，我主要指三个方面：

一是空间作为公共资源，应该被公正地分配，而不是被私人或少数派固定地占有；二是公共空间如何用"共用"来维持"共享"？共用生产资料来进行生产，而不是单纯地共享；三是空间分配后生产出来的"公共产品"如何被再次公平地分配？谁能成为被分配的对象？如何创造公平的机制和操作系统？总之，如何在"空间正义"的前提下，创造共享与共用的平衡，这是时代给地瓜的命题，尽管这很难。

韩涛： 反正地瓜要迎接来自左派的批判，然后才能在现实中存活，才能运作得成功和良好。

寻找公共与私密的共同底线

韩涛： 我举个例子，如果地上空间生活的人觉得地下空间的出现反而加强了地上空间的私密性的话（一种微妙的心理优越感），他们就会支持地瓜的出现。如果他们认为地下空间的出现导致了地上空间私密性的降低，就会行不通（社会学意义上的）。前者的心理逻辑是这样的：在保证地上私密性空间的前提下，地下空间的增加意味着地上居民使用领域无损失地扩张（原本地上的居民是不进去的），在这个前提下，他们可以接受暂时抹去阶层差别，与生活在地下阶层的人在特定的语境下同处一个空间，这就是共享空间或共用空间的出现，本质上是阶层自上而下流动并模糊融合的产物。对于后者，自下而上的阶层流动就会侵犯原先阶层区隔所维护的空间边界，就会在现实中行不通。这里面的复杂性在于，表面上看，地上阶层将使用范围扩展到了地下，使得地下阶层的使用领域被进一步挤压，但同时也就提供了地下阶层与地上阶层暂时性平等共处的条件。在时间充足、个体社会交往不断融合的进程中，暂时性平等就会局部地扩展它的存在领域，甚至就会扩展到地上空间，至少是在某些模糊地带。那么，这种进程也就会使地下空间转化为某种文化包容的公共空间，从而矫正了公共空间与私密空间严格两分的现实。暂时性的平等在时间的绵延中，有其平等领域逐渐扩展的倾向。

如果借鉴主题公园的逻辑，对于地瓜而言，"差异性"将体现在与现实生活接轨的"主题空间与活动"的组合上，"开放性"则体现在地下没有门的那些连续空间，以及网络基础设施的实现。差异性主题活动的并置所需要的条件也体现在基础设施上（比如门和声音的区隔才能让不同功能的并置成为可能）。

在所有具体"主题空间与活动"的设定中，要反复研究大家愿意在一起的共同底线是什么。就是让一个事物正常运营的共用底线的标准是什么？这个标准能让政府接受，也能让使用者接受，如果把"共用"标准搞清楚了，就会有吸引力。

周子书：我们说了半天公共事务，但其实我们也不能漠视私有性。我在想，能不能找到一个让私有性提高的方法？在提高私密性的前提下才能获得最大的开放性。人总是希望可以在私密和开放两种模式中自由切换：在地下室中，关起门来，我希望我的私人空间不被人打扰，隔绝外面的声音；走出门来，我又能随时切换到一个放松的开放空间之中，在这里我愿意平等。

公共空间并不等于完全暴露，人们需要在开放的空间中保有一定的私密，并不被打扰；同时，又能保留随时介入公共空间的主动性。

创造那种可被临时租用的私密，即局部的、在短时间内享有的绝对的私密，我认为比较可行。

韩涛：租用的私密性就是共用，贵族的私密性就是奢侈性消费（但这是上层阶级的私密性的最高标准）。地瓜用前一种私密反对了后一种私密。进一步地，你应该建立那种最高效率的私密。在我租用的时间内

私密性能够得到最大程度的保证，同时，通过预约提高了私密空间的使用效率（比如刷卡用三个小时）。所以，我觉得现在社会上缺私密空间，也缺平等的共用空间，而不是公共空间。

周子书： 你个人对楼下的地下室有什么样的功能诉求？

韩涛： 我觉得地上的人虽然住在各自的家庭之中，但实际缺乏私密。地上的人也需要私密空间，所以地下的私密空间也是可以被上面的人来租用的，对吧？然后扩展到其他共享性的那种东西。其实我觉得，就是看一下互联网能够取代什么，把不能取代的列出来就完了，这就是地下室要做的东西。互联网取代了那种同质化的东西，但是也需要物理空间的分配站。我觉得地瓜就是要成为地上互联网不能取代的那些东西，地瓜的主要价值是让地下空间产生生产力，因为这能改变所有人的命运。

补充之前的一个问题。我觉得可以大量学习迪士尼对待中产阶级的那种方式，把对中产阶级控制的那种方式结合中国的条件作适当地删改，就是中国现阶段的共同底线。地瓜可以做的就是把共同底线兑换成基础设施，兑换成形式原则。

左图是安苑北里的一位居民，她在生活中是单位里的会计师，但业余爱好是给朋友们美甲。她将自己的工具箱存放在地瓜，经常在这个半开放半私密的"小房间"里自己美甲，也经常为社区的邻里服务。（设计师：马丽娜）

虚假、真实与情感劳动

韩涛： 我们继续聊一聊迪士尼。迪士尼是二次元的早期版本，它的逻辑就是用虚拟创造真实，就是用那种虚假语言创造一个真实世界，或者说，用真实的语言创造了一个虚假的世界。今天的世界正处于一个情感劳动成为趋势的时代，迪士尼是这方面的先驱。迪士尼创造的世界是假的，但你跟孩子在里面所享受到的情感是真实的。为了实现这种情感劳动，迪士尼表面上打扮得很幼稚，但里面却伴随着高科技。幼稚放松了大众对它的心理防备，隐藏的技术实现了对消费者与利润的精密控制。对于这两者，迪士尼结合得非常好。

周子书： 是的。地瓜应在空间内部制造"梦幻的表情"，但一定要区别于迪士尼，应面向社区保持最大开放性，成为开放的社区基础设施，不需要门票。一方面，通过集虚拟和真实于一体的主题模糊社会阶层，去掉社会标签；另一方面，应该去建构最大化的开放基础设施平台。只有在公共平台上充分地打开并包容，才能获得对于任何主题的复杂组合。这样才能满足社区居民的多元化诉求，才能满足他们暂时性的梦想。只有开放基础设施，物理的与网络的，让大众觉得我能够免费享用，给我提供了一个造梦的空间，这样才能带来无限的流量。

然后就是制造差异，利用公共技术平台，在保证安全的前提下，制造成一个虚拟的真实环境，从而保证情感劳动的持续生产。

——以上三段讨论，节选自周子书与韩涛 2015 年的对谈。

（韩涛，中央美术学院教授，设计学院副院长）

上图：社区老年 cosplay 社团在地瓜 2 号表演

下图：社区少年在地瓜 2 号壁画前合影

3.3 / 地瓜美学

"美与幸福并存，美已经成为焦躁的现代主义精神的最有力的保证和指导。但同时，美可以支撑，却永远不会直接提供希望。"

—— 齐格蒙特 · 鲍曼（Zygmunt Bauman）

地瓜1号里正在安装如雕塑一般的通风管道节点，制造成本只比普通的管道贵了一万元。

经得起日常锤炼的，才是最有力量的美

美是生产力，美是传播力。地瓜所追求的美学，是包容性的美学，是生长的关系美学，是社会交互的美学，是一种真实朴素的美学，是敬畏生活的美学，是促进社群凝聚的美学，是以美育德、促进社会融合的美学。

首先，我们应当充分尊重本地的"传统美学"，如不同社群在空间使用过程中的痕迹、集体的时代记忆、传说中的历史等，这些都是当地宝贵的文化财富。我们应通过艺术与设计的语言，将它们组织起来，形成空间叙事，让更多人与之对话。

其次，地瓜美学的素材来源正是在地性和流动性所带来的"生活的碰撞与融合"。这就要求我们重视每一位刚刚来到这里、在社区开始共同生活的微小个体，尊重这些外地人所带来的知识和文化，无论这种文化有多么"意外"，在不扰乱公共秩序和文明的前提下，这些文化都值得被保留和记录。因为每一位居民都是"创造当下历史"的人。

最后，地瓜的空间不是"展厅"。它不是用来展示过往历史的，也不是只为用来展示行政职能齐全的空间。它首先是一个供今天老百姓日常生活的空间，为老百姓排忧解难的空间，为社区增进邻里友谊的空间，为老百姓和基层政府增进交流和沟通的空间，是一个创造并积累文化的包容性美学空间，这就要求该空间必须具备"读""写""画"的功能。

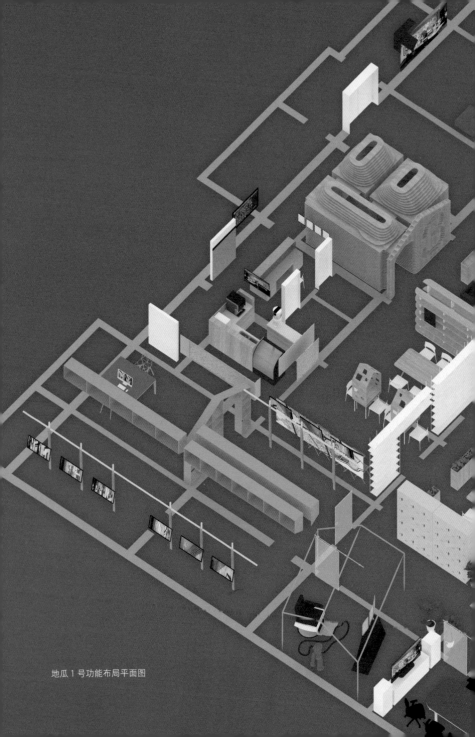

地瓜 1 号功能布局平面图

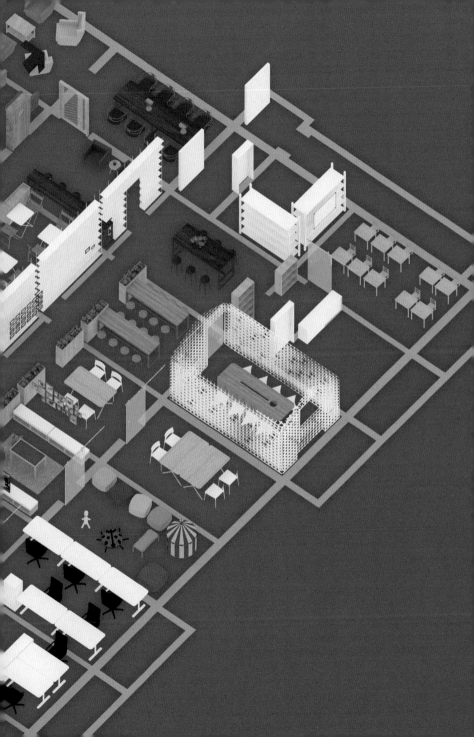

3.4 / 原则与功能

地瓜 1 号在北京安苑北里 19 号楼地下室，建筑面积近 500 平方米，共有 32 个房间，每个房间都是通过调研、和社区居民一起开发出的具有不同内容和功能的房间，目前包括健身房、图书室、理发店、儿童娱乐室等，2015 年建成。地瓜 2 号在北京甘露西园 2 号楼地下室，建筑面积约 1500 平方米，2017 年建成。地瓜 3 号在北京望京花家地北里 13 号楼地下室，建筑面积 500 平方米，2019 年建成。地瓜 4 号在成都金牛区曹家巷社区，建筑面积约 2000 平方米，已于 2020 年建成。

地瓜设计的四条基本原则

一、空间社会力

比空间理解力的内涵更广。空间理解力主要关注在三维空间中的塑造能力，即关注的是空间产品形式方面的问题。而空间社会力则优先考虑空间的社会价值和社会结构，以及形式对空间影响的方式，更注重空间本身对于社会关系的强化。

二、知识交互力

这是英国社会学家吉登斯（Anthony Giddens）的说法，指空间自组体进行资源共享的能动性，以及能否对他人共享资源持尊重的态度。地瓜中每一件物体背后都必定有一个社区人的故事。"地瓜空间"应该被设计成一个社区不同人的"知识的宝库"，使之成为"清晰的、整体的、可读取的"。用文字（符号）导示形成空间体验的"加速度"。

三、批判思维力

要求地瓜能用一种批判的思维来采取行动。所谓批判，并不是指采取消极的立场，而是从评价性的角度出发，理性地分析某一环境与文脉下存在的机遇和挑战、自由发挥的空间与不可避免的限制。有时候，有意识地将矛盾凸显出来，反而能更好地解决问题。批判性思维同样需要自我批判的过程，从而不断地建立和完善自己。

四、在地包容力

在规模化的路径中，地瓜强调每一个空间的建设必须充分尊重当地的人文特色、生活习惯以及价值观，避免机械化的复制，并在空间的具体呈现中实现三种融合：

（1）传统文化与现代文化的融合：在历史的景观中生长出现代的元素。

（2）老人与青年人的融合：总的来说，老人和青年人还是无法长期在封闭的空间并置。但也有两种可能的空间并置模式：一是由边缘到中心，让老人成为当地历史的中心景观，在历史的边缘处找到青年人创新的位置，创新总是在边缘发生；二是由外而内，老人期待看到外部的流动景观，青年人在内部寻找自己隐秘的狂欢。

（3）本地人和外来人的融合：在今天的城镇化进程中以及城乡融合的大背景下，客观上形成本地居民、外来居民以及流动租户的共融共生，地瓜需要创造一种包容性美学的社区场景，帮助本地人和外来者在这里共同参与社区的建设，并形成当地可参与的人文景观。

入口与出口

首先，空间的安全性永远是第一位的。每一个地瓜必须有两个出、入口，以确保应急逃生消防通道的便利性。

其次，关于入口。就好像爱丽丝梦游仙境，步入地瓜就好像是步入另一个世界（通过改变比例来扭曲体积和形式）。我有时候在想，地下才是真实的，地上是虚假的。入口明亮色彩和图形的设计目的就是改变公众对地下室的印象，创造一种在现实背景下无拘束的欢乐和放松的生活方式。

最后，关于出口。走出地下空间的时候，长长的台阶犹如一个拉长的望远镜，出口处的门框好像取景器，天空的"一方蓝"好似创造一种眺望现实局部和走向未来光明的感觉。

北京地瓜 3 号入口

上图：地瓜社区安苑北里店入口楼梯原貌

下图：地瓜社区安苑北里店地下楼梯间改造设计后

上图：地瓜社区花家地北里店入口楼梯原貌

下图：地瓜社区花家地北里店入口楼梯改造设计后

地瓜 1 号入口处的扶手设计

我们保留了建筑原有的栏杆，并打磨了尖角。然后在原有结构的基础上，重新
焊接了新的"回字形"圆弧扶手。上扶手给大人使用，下扶手给孩子使用。

墙上贴上地瓜壁纸，创造一种梦幻的
视觉感受，让人敢走向地下。

灵动的产消空间

不要过早或过多地去定义具体的空间功能，而是制造"最有可能性"的留白空间、让居民产生想象力的空间。不只是让人"自拍"，而是让人留给自己一个问题："我能用这个空间来做什么？"与此同时，地瓜的产消者理念鼓励任何一个人来到地瓜做点什么。正是基于这样的想象，才有了地瓜后来越来越多的空间功能。

功能与非功能的空间转化

社区共享空间的功能不能被设计师个人的意志或标准化的规划模块所事先安排？"非功能"空间应具有一种广泛的包容和吸纳作用，为进一步的"组织化"创造可能。没有"非功能"就没有"功能"。"功能"空间不应该是政治符号，而是可被进一步"组织化"的转化与沉淀。

动静分开

　　由于社区内居住着不同的人群，他们的活动形式、时间和范围也各不相同，例如：白天，这里是老年人的合唱团练习的地方，也是茶馆、咖啡馆，并提供社区服务，中青年会在这里自习、办公；下午，妈妈们来这儿做瑜伽；晚上，这里又成了青年的小酒馆。所有的业态和场景都要求不同的气氛，并尽量互不干扰。所以社区公共空间的设计一定要基于时间轴，能将动静区域分开，白天静，傍晚动，晚上再次安静。灯光系统的设计也要营造出动与静的两种气氛，以适应不同场景下的需要。切不可为了展示，让所有功能一览无余。

孩子，社区空间的扰动器与融合者

孩子在中国家庭以及社区中尤为重要，所有家庭成员都围着孩子转。孩子一旦在公共空间中奔跑吵闹，就会成为空间中的扰动器。地瓜1号最早的设计是一个环状的公共空间，结果孩子就开始绕着圈地奔跑，导致人们都无法安静地坐下来，后来通过书架的阻隔，情况才得以好转。但同时，天真无邪的孩子们又绝对是今天中国社区里连接陌生邻里的最佳融合者、破冰者、信息传递者。地瓜1号还在妈妈们的组织下，成立了由孩子组成的卫生监督小组，让小朋友们互相监督空间里的卫生情况。

共享玩具屋

　　在不少人家里，孩子的玩具与日俱增，且总是无处存放，扔了又可惜，卖掉也赚不到多少钱。共享玩具屋为社区家庭提供了一个公共空间，大家可以将家里多余的玩具在这里分享。经过地瓜工作人员消毒处理后，孩子们可以在这里玩到更多的玩具，既培养了孩子们的分享精神，又增强了邻里互动。

一人一书，知识作为无限的场地延伸

鼓励社区居民捐书，但这里不是废品回收站，每人只能捐一本——一本你读过的书，或一本能代表你的书，并且用100字左右写下你和这本书的故事。这样，你在这里阅读到的将不只是一本书，更是每本书背后所代表的居民。

与此同时，你也可以通过这些书看出这个社区背后的文化结构。

左图：电梯井改造的图书馆

下图：单人的阅读空间

地瓜 3 号的图书馆

私人电影院

　　最初，很多人投票时都说到希望有个"私人电影院"，特别是在社区里。
我们认识的一个央视纪录片导演还在我们的小电影院里分享了她拍摄的纪
录片，并和社区的年轻人进行了讨论。如果说这是小众品味，那么更多的
是情侣们来这里包场看电影，或是来这里集体打游戏。更有意思的场景是：
两个家庭在周末来到地瓜，一个妈妈在健身，另一个妈妈带着两家的孩子
在私人电影院里看了一个小时的动画片，然后点了一个麦当劳全家桶套餐。
还有一次，一个小学五年级的孩子邀请了全班同学来地瓜过生日，说地瓜
是他们建立的 TFBOYS（我国内地男子演唱组合）的粉丝秘密基地。

　　我本来希望能在电影院的小房间门口设立一些 LED 的小屏幕作为社
区弹幕，让很多不能来地瓜看电影的朋友们参与到电影的讨论中来。但
由于预算等原因，最后改为了一条条小黑板，作为"手工弹幕"。

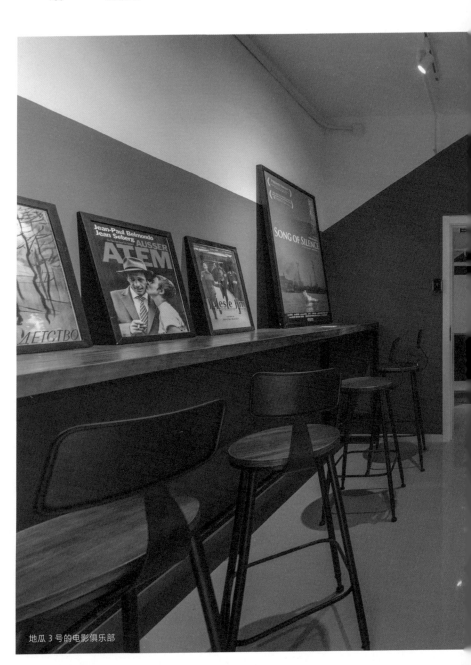

地瓜 3 号的电影俱乐部

开放排练厅 ——"一块红布"

在一次社会实践的课程中，央美大一的学生们在地瓜 2 号搭建了一个小舞台，取名为"一块红布"。

北京有很多地下音乐人，他们往往没有自己的排练空间，地瓜将一部分空间开放给这些音乐人免费使用。但既然是公共排练厅，他们使用的前提是允许地瓜向公众售卖个位数的门票作为地瓜社区的收入，因为对于观众而言，临时排练往往比正式的现场演出更有吸引力。由此，乐队与观众反而能获得更直接的交流与接触。

令人惊喜的是，这个开放排练厅还吸引了年轻人来地瓜求婚。

著名演奏家、蓝调口琴网创始人张晓松老师在和大家分享音乐。

上图：红色小舞台

下图：红色小舞台求婚

共享会客厅

很多人家里面的客厅空间都很局促。一方面，我们不会轻易地将一个陌生人带入自家的客厅；另一方面，出于内心的社交需求，我们又渴望小时候的院落生活。这时候，一个家门口临时的共享客厅就显得十分必要。

到了节日，社区邻居们会来这里剁馅儿包饺子，感觉像过年的时候一样。即使不相识的人们遇到这样的场景，也免不了相视一笑，聊上两句："您吃了吗？"

居民议事厅

我们原本设想为社区居民议事活动提供免费开放的自由空间，适合容纳 20 ~ 30 人的小型活动和分享会。

但其实你也会发现，居民议事或解决邻里纠纷往往是在小范围的空间里进行的，并不需要特别大的空间。人们喜欢用私密的方式"议事"，然后在公开的场合呈现"结果"。

这种大空间主要适用于社区团体文娱活动，充当表演舞台与观众席，而不是"讨论"的地方。

小尺度空间的"吸音"与"隔音"很重要。

地下创意基地

地下代表着一种未知，更是一种可能。世界上第一条互联网信息就是从地下室发出的。大量的电影人、音乐人、作家，都在地下源源不断地迸发灵感，地下空间必能成为孕育创意的文化载体。

因此，地瓜专门设立了社区画廊、设计师工作室、音乐人工作室等创意空间。你会发现，不同创意团体之间在日常相处过程中本身就能产生新的灵感。

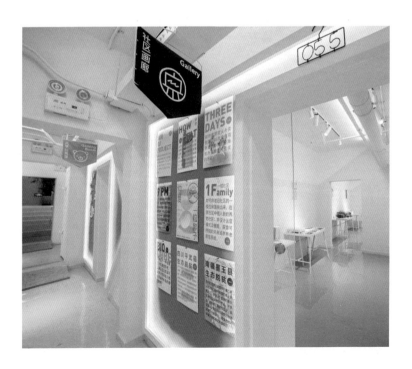

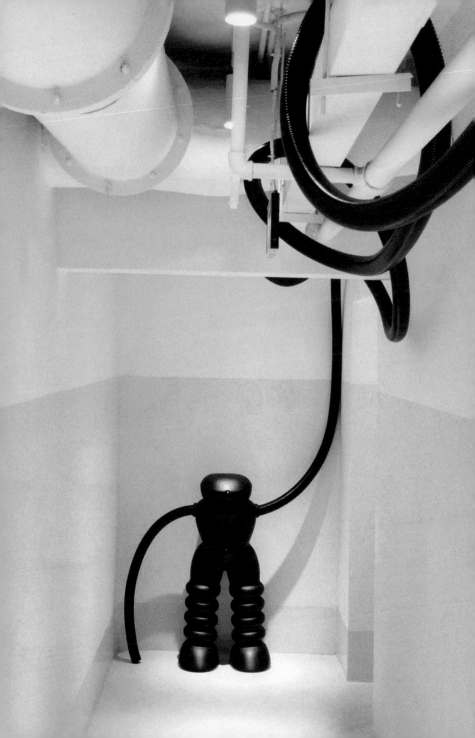

作为象征的共享茶叶盒

地瓜1号刚对外开放时，面对从未接触过的新概念空间，居民们不敢进入，说："这么好的空间居然是免费的，一定有坑！"于是地瓜君对居民说，如果你捐出家里多余的茶叶，并且在罐子上写下自己家的楼号、名字以及对邻居的寄语，你就可以尝到不同邻居家的茶叶。居民终于敢进入地瓜社区了。

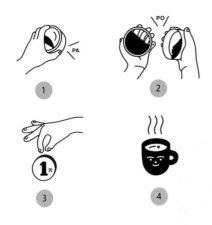

活动步骤：

1. 将铁盒取下，放入你捐的茶叶并在盖子上写下茶叶品类和你想说的话。
2. 来挑选一款邻居分享的茶叶品尝吧。
3. 鼓励大家自带水杯，提供一元一个的一次性水杯。
4. 沏上一杯香醇的茶开始享用吧。

薄厚理发店

地下室曾经住着很多"洗剪吹"，我们最早的想法是希望能够在地下开一个共享的理发店，能让很多理发师不需要租店面就可以在这里赚钱。而且 65 岁以上的老人可以免费理发；对于 65 岁以下的顾客，理发的价格是 65 减掉他们的年龄。但这么好玩的设计并不具备可持续性，而社区理发店自发生成的有趣的行为引起了我们的关注。理发师招聘的新员工需要找人"练头"，但一般人不愿意给他们练；社区的老人对发型没有太多要求，只希望便宜，所以他们在这里形成了交换。

但剪发毕竟也不是一种高频的业态，随着时间的流逝，这间理发店逐渐同时变成了会客厅。

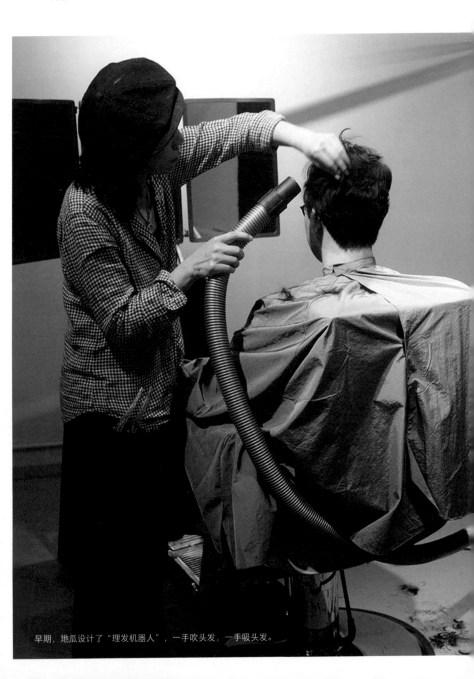

早期，地瓜设计了"理发机器人"，一手吹头发，一手吸头发。

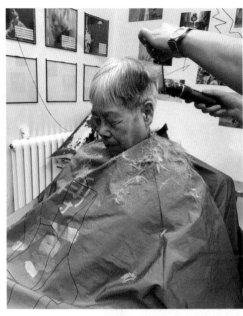

健身房

　　当地瓜在社区里组织投票的时候，选择健身房的人非常多，但当健身房真的建成后，我们发现大家坚持的毅力并不持久，这就对运营提出了非常高的要求。从设计的角度来讲，小型空间适合选择明亮的黄色和镜子，这样可以让空间显得非常宽敞。而且最好选择有窗户的房间，便于通风。在运动器材的选择上，小型的自助式器材，例如左图中的TRX（全身抗阻力锻炼）器材、壶铃等更适合，它们节约空间且噪音很小，对其他空间的干扰不大。但最终，由于健身房的使用频率太低，而运营成本又太高，地瓜决定放弃健身房。健身房本质上还是一个金融产品，用相对不易损耗的物理设备与有限空间，以及绝大多数人内心对懒惰的抵抗心理，撬动起数倍人数的金融杠杆。

共享玩具屋能在游戏中促进孩子对
知识的吸收，培养他们的分享意识
和团队合作能力。

地瓜社区的临时办公室有舒适
的桌椅和办公环境，可以和同
事、朋友在安静的房间里工作
或者学习。

薄厚（Bauhau Lab）是一家基于
理发店的叙事和恋物空间，提供
纯粹的剪发服务，不洗不烫不染，
但质朴而环保。

地瓜社区图书室里的书是由地瓜会员捐来的"有故事的书"。每一本书都附赠原书主人对这本书的理解和他（她）的微信号。读一本书，认识一个朋友。

地瓜社区提供按小时出租的会议室，有可播放 PPT 的电视和可供 6～8 人同时使用的会议桌，我们鼓励社区居民在这里开设课程，GET（收获）新技能。

社区内部的健身运动服务站可以提供一站式健身服务。专业教练带领你体验最酷、最有效的 TRX（全身抗阻力锻炼）运动。

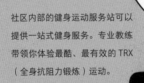

你是否需要一个在家附近的、可以安静读书和学习的空间？地瓜社区就有这样的一个让你好像重回学校自习室的美好房间。

3.5 / 地瓜的视觉形象设计

文 / 魏星宇

将生活化（日常力量）与专业化（关系美学）实现有趣平衡，以富有创造力并且脚踏实地的行动法则为指导，创造出属于地瓜的价值和美学体系。

地瓜社区品牌的核心标志是一个双手掰开地瓜的描述性图形，源于创始人周子书在创立地瓜社区之前的一个故事。"在一个寒冷的冬夜，我回到北京，迎接我的是一个老朋友，手里拿着热气腾腾的烤地瓜，见面的那一刻，朋友将地瓜掰开分给我一半，这个动作在我的脑海中留下了深刻的印象。朋友分享地瓜的行为不仅温暖了身体，更让人感觉到心里暖暖的，这个行为便在我的心里埋下种子。当给地下室项目起名字时，我便想到地瓜生长于地下作为块茎的特性，同时联想到分享的瞬间，无论是从物理层面还是精神层面都相当契合，'地瓜社区'的名字因此产生了。"

许多品牌早期都将标志做成叙事性图形，比如苹果公司的 logo 早期是一幅插图，描述了一个苹果从树上落下的场景。叙事性标志可以在早期帮助品牌得到更广泛的认知，迅速地传达品牌的意图，降低品牌早期的传播成本。但随着品牌的发展、产品的提升、技术的革新以及社会审美的转变，原有品牌体系也会相应地做出调整。

地瓜社区早期的品牌形象也采用了叙事性图形标志，以近乎插图的细节描绘，得到更多可读性认知，并且应用多种辅助插图，为品牌标志的应用带来更丰富的语言表达。当地瓜社区创立三年后进入第二阶段的时候，我和团队从地瓜 3 号品牌形象开始调整，为后面更多的社区共享空间发展做好准备。这一阶段的调整主要是将图形 logo 重新绘制，使之更简洁、更现代，并将中英文字体结构重新调整以适应整体风格，整体组合形式延续之前的经典组合。

在品牌形象识别系统中，我们运用了将日常生活化与关系美学设计相融合的方法论。通常的企业形象识别系统（CIS）重点是系统，目的是通过企业形象识别手册来指导企业发展过程中的品牌应用，使其更加规范化，所以系统化是解决企业内部跨部门合作和供应链执行问题的关键，但缺点是当企业设计意识和能力不足时会缺乏创造力，VI（Visual Identity，即视觉形象）手册也不能帮助企业更好地解决品牌问题。

地瓜社区是以设计创新为内核的团体，在设计语言与创新方向上的定位始终以基于社区的生活化场景为基础，通过对于关系美学的实际应用转化，最终实现脚踏实地的创造，可以真正为正在逐步僵化的社区带

地瓜社区早期品牌形象

来一些希望。

日常的力量，即日常生活审美化，探寻日常的价值以及日常叙事策略。通过对社区的前期调研，我们可以深入研究社区生活场景并重新构建设计语言和美学标准，反思当今主流的商业设计标准和价值观，地瓜社区是将设计需求还原到日常和现场，让居民在熟悉的语境中得到新鲜感，让设计语言与日常生活场景碰撞，产生出超越设计表面美感的叙事策略。

例如微缩地下城市管道、衣架导视系统、椅子背后故事衍生出的壁画，都是通过研究社区生活场景得到的设计策略。如果说关系美学是讨论人与人、人与社会关系的艺术，那么地瓜社区就是在探讨"人与人、人与社区、社区与社区"的关系美学实践，将关系美学作为凝聚力，就会吸引具有同样观念的人产生合作；影响社区居民，产生教育；影响政府部门产生更良性的合作机制。基于社区生成一系列基于关系重建和价值反思的艺术表达，将关系美学融入社区日常。

地瓜社区最新品牌形象

导视系统

地瓜社区的所有入驻项目都要与社区有所连接，设计也同样遵循源自生活、美学和可持续原则。

在做地瓜3号花家地店导视系统的时候，我们调研了生活场景中用到的物品和材料，发现地下空间中存在的大量管道和支架结构很适合悬挂标识，而生活中常用的衣架可以作为载体。我们从众多衣架款式中选择了适合的款式、材质和尺寸，用大小不同的款式对应不同的导视层级，用帆布丝网印的形式将信息悬挂在衣架上，这样做的好处是可以随时切换房间的功能。房间的门牌号和洗手间符号则用小一号的衣架，然后用黑色铝丝将数字图形弯折缠绕在衣架上。我们将方法和标准教给员工，他们很快就做完了所有标识。

材料：铁艺衣架、铝丝、帆布、热转印。

名片设计

　　地瓜社区的员工名片设计同样遵循可持续原则，将之前印废的各种纸张或旧包装纸切成统一尺寸，每人做一个原子章将相关信息叩印在回收纸上，最后用钢印压印上统一的地瓜社区 logo。随机切割的纸张图形与印章钢印的结合充满变化和不确定性，在随机组合的过程中，美学和趣味性便产生了。

　　材料：回收纸、原子章、钢印。

徽章设计

地瓜社区的徽章设计是基于会员系统的产品开发。我们发现，很多品牌在做推广的时候直接将品牌形象做成产品，这样受众是很难愿意主动佩戴的，所以我们在尝试传播性的同时需要为大家提供一个佩戴的理由。我们结合一句调侃的流行语——"吃瓜群众"来设计，让地瓜社区的徽章变成一个有态度的徽章。

壁画创作

文 /SIRU

我是 SIRU，本科毕业于北工大雕塑系，研究生毕业于伦敦艺术大学纯艺术专业，现在是一名李宁的童鞋篮球鞋设计师。其实我从纯艺生到设计师的转变，可以说与地瓜社区密不可分。地瓜社区是从百姓社区的地下生根发芽，却又有着不停地茁壮成长来造福社会的趋势，所以毕业后回国就能有幸参与地瓜社区的工作并进行创作，真的让我特别高兴和激动。当时我就觉得，做真正好的作品，是可以影响或能帮到更多人的。

在创作壁画前，我和周老师聊过很多，对这个小区有了初步了解。我几次跑遍整个小区的上上下下，收集了很多图像和文字的信息，也详细地了解了整个小区的"风土人情"，甚至建筑结构。比如我曾爬楼梯到住宅顶楼更高处，就为了看到整个楼顶的样子；又比如我曾绕整个小区外面跑几圈，最后跑到小区隔壁的有铁路的桥上，就为了从高的地方拍到小区多角度的全景（前期搜集的素材，就好比做一个专属资料库，总是要多多益善）。那时候经常有邻里下来打探未完工的地瓜的消息，我就和他们聊天，也听了他们的各种看法、建议和对这个未知的地瓜的期待。

当时我就想，这次的创作和以往潮的、酷的、表现自我的创作不一样，为社区而做，要贴近邻里，以"家"的感觉为基础，不在于高于生活多少，但一定要来源于生活。所以无论是前期调研还是后期创作的时候，我都力求捕捉和表现细节，就想着街坊们下来站在我的作品前的时候，也能聊起来："哎，这不是老张家的窗台、老李家的圈椅嘛！"我希望当邻里街坊来到地瓜社区的共享客厅时，能感受到那份亲切，享受生活；而路过的游客下来，能感受到这个社区的气氛。

工作服设计

文 / 孙艺津

地瓜社区是一个地下交互交流的社区，交流、学习、工作和消费等整个过程都是在地下完成，所以地下的环境对于工作服面料的选择很重要。以北京为例，地下室的有利自然条件是冬暖夏凉，不利条件是地下室比地上略潮湿，所以在面料的选择上要注意。入驻地瓜社区的成员相互之间各取所需，对工作服的需求也是如此，对服装要求有功能性、交互性，耐穿性，并且兼容酷态度。在整个设计中，结合防水拉链，袖子和领子、口袋等可以拆卸或者搭配，以便满足不同场合的不同需求。

整个服装系列根据不同的功能需求设计为四种款式。第一款为半身长袖工作服。选择这一类工作服的工作人员多进行伏案工作，使用上肢较多，主要集中在肩部以及胳膊肘、腰部，比如平面设计师、建筑师等。工作服的主要磨损区为胳膊肘和手腕处，对易磨损区域的处理方法是在保证舒适的情况下添加了设计细节。由于大部分人以右手为主导行动手臂，前臂比后臂运动幅度大，所以在左手后臂和前胸处设置了便捷口袋，也可随意添加所需口袋。除伏案工作人员之外，还有伏案和站立方式并行的工作人员，像服装设计师、摄影师和工业设计师等，工作服的主要磨损区除了胳膊肘和手腕处之外，双手两侧及膝盖处的磨损也需要考虑，所以第二款为长款长袖工作服。为了保证部分工作蹲立舒适，三侧拉链都可以随意使用。功能区也添加了后腰和后腿部分，可按需求添加便捷口袋，更方便设计师拿取工具。其他两款为长款与短款围裙，主要是为服务型工作人员设计的，像咖啡师、理发师等。围裙腰腹部同样添加了功能区，可按不同职业需求添加便捷口袋。

第四章

空间运维

设计不是它看起来怎么样，而是看它如何运转？具体来说，就是我们该如何共用、共享、共创、共治好这个公共空间。列斐伏尔在《空间的生产》中指出，（社会）空间是（社会的）产品。一、空间的生产是共享的，它并不仅限于建筑师，而是应将这一生产过程置于更广阔的社会环境之中，让更多不同层级的人参与进来。二、社会空间是动态的，它的生产随着时间推移而持续进行，不存在一个固定的完成时间。这种动态性使我们对地瓜的关注点转移到空间动态生产的日常循环过程，以及所有参与这个过程的人和生产进程之上。三、社会空间是一种难以控制的政治空间，因为使用公共空间的人如此之多，所以必须时刻关注公共空间对周边居民的影响。社会空间总是带有固有的政治话语，充满了权力与授权、互动与孤立、控制与自由等相互转化的动态性。这就给社区共享空间的运维带来了巨大的复杂性。只有将这种复杂性放到公众面前，才能获得最大程度的理解。

上图：人们对空间使用的理解，本质上就是对空间所有权的理解。20 世纪 90 年代，德国社会民主主义者瓦尔特·拉特瑙（Walther Rathenau）指出，土地的私有化方式是理解空间社会动力学的关键。在一些西方国家里，被占据的社区和建筑通常在法规的设定之外自发形成了一套供给体系，就像我在西班牙马德里见到的一个社区空间一样，人们在一块"非法占地"中建立了社区公共庭院，这里有儿童玩乐区、小剧场、公共菜地和厨房，以及针对低收入人群的或非正式的经济机构。

4.1 / 空间的共用、共享、共创和共治

地瓜空间的运营重点不只是想着为居民提供什么样的服务，而是更要启发居民自己问自己："我能用这个空间来做什么？"耕者有其田，让每个人有动力来共用、共享、共创，并共治好这个公共空间，而不只是事不关己地单纯消费。鼓励每个居民既成为生产者，又是消费者，即地瓜的产消者计划。

共用与共享的场景重构——产消计划者

文 / 周子书 × 韩涛

周子书： 地瓜要探索的是城市里新的产消空间。如何组织生产资料？如何鼓励居民自己生产，自己消费？地瓜希望帮助每一个人在家门口实现自己的价值，并用技术建立起新的分配机制，从而重新定义在社区的工作和生活方式，增强社区的黏合度和安全性。

韩涛： 对青年人而言，生产性的空间就是能够在未来让我增值的空间。一个青年人最大的理想就是摆脱现在。以最小的花费获得最大的公共资源，迅速改变自己的命运。对政府而言，社区要的是安定，并坚持党的引领，居民职住一体，提高税收，这就是好的，是积极向上的。对居民而言，我的孩子在社区是安全的，这样就行。

地下室的环境经过改造，完全可以满足一定的公共活动要求，这是有现实接受度的。将地下室的空间档次提高（类似士绅化过程）也是必然趋势，但如果使用过程中将某些最底层的人排除掉，这在伦理上将受到很多公众的批评。但有趣的是，当真实的情况发生时，他们中的很多人却又会因为诸如安全性的理由而排斥和自己不在同一阶层的人一起使用空间。面对这种问题，潜在的平衡办法就是让暂时处于社会底层的人被吸纳到社会生产力的一个大循环之中，而且要根据不同的小区区别对待，使得青年人能够低成本快速改变命运。

周子书：地瓜的业态应该是能够让肩负重担的中青年人的生活变得更有希望的业态。如果地瓜对

他们来说只是来消费，而没有满足他们改善生活的那种愿望，那么这种消费就是没有意义的，除非这种消费是新形式的生产。这就需要地瓜去重构一种共用和共享的场景——在共用中生产，在共享中分配。这一重构的本质是将社区场景中人与人、身份与身份、人与物、物与物、地点与地点、服务与消费的连接不断重新定义和改变，而且连接的便捷程度与链接异质资源的能力不断增强。

韩涛： 此外，我们不能用经济原因解释人们的距离，只能用场景重构中的风格主题来显示大家的不同。让一种风格超越了阶层所带来的那种负面的东西之后，或是当它变成了一种态度之后，那就不一样了。这能够模糊阶层差异，就有生产力了。

周子书： 是的，最好的方式应该是用一种生活方式和态度来替代经济的指标，并让每个人待的环境比自己的实际阶层位置高一点点，千万不要跟自己的身份完全吻合，稍微高一点，不要多了，就会形成势能，产生生产力。我认为新的社区共同体将建立在一个以安全、隐私和距离感为基础的社区小经济体上，它将通过兴趣、生产和消费、互助、信息共享等连接。首先让"陌生人"彼此了解和熟悉起来，然后才有可能重建信任社会。我们无法用简单的情怀去一味地要求重塑社区的连接，也不能单纯地用空间美学去掩饰每一个人内心的彷徨，我们需要提供一种希望。

——节选自周子书与韩涛 2015 年的对谈。

张晓松
八里庄社区居民
蓝调口琴网创始人

社区超人——产消者

　　我是张晓松，乐手、老师、蓝调口琴网的创始人。我和我的团队主要的工作是为线上教学进行一些音频视频的内容产出，同时有一些线下活动的需求。我们今年年初入驻了地瓜社区，在正式决定入驻之前我只来过一次，于是就决定了。我是一个比较讲感觉的人，我觉得地瓜社区的调子和我很搭，透着一股朴实的文艺气息，并且它有足够的空间可以做一些活动，这为我今后的发展提供了空间保障。对我来说最重要的是，这个地下空间可以给我很多的想象，让我总想在里面做点啥有意思的事儿，比如"地下口琴音乐会""公开排练日""乐手音乐课"……，我也特别期待能与地瓜产生更多关联。

诺亚爸爸
亚运村安苑北里社区居民

我是诺亚爸爸，以前从事过外贸工作，因此英文一直没有丢掉。得子之后，邻居力邀我组织一个孩子的英文启蒙班。于是，我就硬着头皮把这个事情做了起来。我觉得很幸运，经过几年摸索，我形成了自己对儿童英文启蒙的独特认识和理论。

和地瓜结缘也是始于开办儿童英文启蒙班。大概是两年半以前，我偶然看到地瓜的招牌，怀着好奇心进去看了一下，发现地瓜提供的开放设施正是开办英文学习班所需要的，而且价格非常便宜、合理。而地瓜当时也正鼓励我这样的人在里面创业，为社区服务。因此，我与地瓜也就一拍即合，一直合作到今天。

地瓜最吸引我的就是离家和孩子的幼儿园都非常近。对于节约孩子、家长的时间，以及保障孩子的安全都非常有利。另外，地瓜的教室使用费用低廉，对于家长们的钱包也是特别友好。这在房产价格飞涨的今天的确是十分难得的资源。

我希望地瓜能一直坚持自己的初衷，将这种惠及社区的迷你文化中心的道路一直走下去，并能在其他更多的社区生根成长，成为具有自己特色的、创新型的文化产品。

共享性知识与文化

　　知识是什么？它是对多样化视角的一种连贯性表达，是对各种各样声音的一种表达。而对于社区来说，共享性知识是基于人们在日常生活中获得的经验和信息而展开的，必须具有"实用性"和"可传播性"的特征。而且这种知识会随着邻里交互的作用，不断地被论证和发展，从而逐渐形成当地的共享性知识和文化。

从当地人们的文化中汲取养分，不断学习，特别是一些共同的、局部的，或即将被遗忘的历史，从而使包容和开放的地瓜文化不断得以生长。这就需要承认社区中大量普通人的经验和知识贡献，并用一种易于理解的方式记录并传播。当然，社区里也存在众多的知识生产者，我们需要把大家组织起来，通过地瓜空间激励个体向他人分享知识，在让更多当地人从中受益的同时，更要帮助分享人实现属于自己的价值，帮他链接到更多的知识和资源。这就是地瓜的任务，也是我们存在的意义。

安苑北里的两位纪录片导演正在和 7-2 书店的黄老师聊天。

本地人与外来者

本地人与外来者，客观上共同形成了今天中国社区里的"新集体"。

城市更新和发展使外来者进入老社区。一些本地人会排斥外来的人，表面上是认为其掠夺了资源，而从更深层面来说，是对于自己在社会迅速变迁中被时代忽视的长期不满。本地人需要被重视，需要发声，需要参与。

同时，由于本地生产资料有限，我们不能仅依靠他们，还需要一种可持续的输入，因此社区需要包容更多的外来者。但外来者必须要尊重本地的文化。地瓜就是要去增强彼此之间的理解，并融合形成新的文化。

两位快递小哥在地瓜休息。

去标签化的空间公正

很多居住在地下室的外来务工人员被媒体贴上了鼠族的标签。事实上，没有人愿意被当作鼠族。地瓜想帮助他们，希望更多人能"去标签化"地、公平地使用这个空间，让生产模糊掉阶层属性。比如这位地下室的老哥和周围的居民一样，用一本书来换取一杯饮料，在派对上和大家其乐融融。"我前几天在地摊上买了一本《猴年运程》，我算完了，明年运气不错，我拿来给大家都看看，希望大家明年都挺好！"

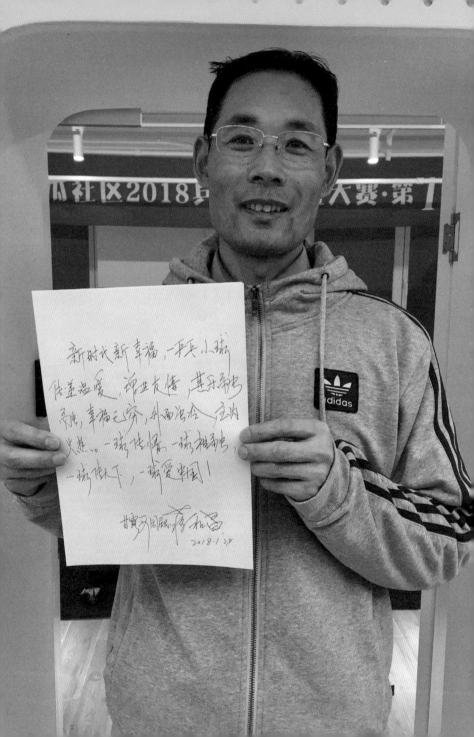

党建引领——润物细无声

润物细无声。对社区居民要"去行政化"。

避免党建工作党务化；避免活动娱乐化；避免项目空心化；避免组织名称化；避免创新表象化（即没有运行、没有理念、更没有人员执行的创新）。探索区域化党建的另一种模式，通过帮助当地居民在家门口创业，创造并链接更多高质量、多元化的社区公共服务产品，以及通过多样化的兴趣活动来吸引社区群众的参与，在解决实际问题的过程中找到组织归属感。

居民共治

地瓜为社区居民设计了一种可供交流的空间界面，并使他们具有一定程度的自治性。地瓜的很多投入在于协调工作，协调意味着"清除社会矛盾，自由交换思想和技术信息。它的意义在于提升人们对于共用、共创、共享的空间的理解、看法和评价标准，或者简言之，提高居民的自治能力"。同时，地瓜邀请当地居民进行（社区）自我管理，用空间的时租收入来支付他们的工资和社区的水、电和网络费。

高静

安苑北里居民，原地瓜1号店长，现为（地瓜）北京舍予社会事务所负责人

我是高静，原本是安苑北里小区的一名全职妈妈。偶然的一次社区活动让我认识了地瓜社区，从活动参与者转变成了地瓜团队的一员，从起初的不适，到后来的喜欢和认同。其间，遇到过许多不如意和磕磕绊绊的事，但因为地瓜的温暖和互助，都迎刃而解。地瓜是居民口中的社区客厅、社区大家庭，在这里你可以想做很多事——春天我们可以在地瓜做环保，夏天我们可以在地瓜乘凉，秋天我们可以在地瓜做百家宴，冬天我们可以在地瓜躲霾，包美味的饺子跟居民分享。

以上的种种美好只是社区的一部分，地瓜社区既然是一个温暖的大家庭，那么我们要怎样与社区所有居民建立连接，并满足居民的真实需求呢？地瓜是用心，用情，用爱来维护的，每个房间都承载了居民对于社交、自我提升、归属及认同、情感建立的需求。现在地瓜已经在社区扎根，盼望着未来的某一天，能更深层地扎根在社区每一位居民的心里，为每一位居民、每一位"异乡人"带来更大的益处。

紫玉
安苑北里居民，地瓜 1 号店长

　　我叫紫玉，是大家口中的"全职妈妈"，是小区居民。最初接触地瓜是以居民身份来参加圣诞 Party，后来是因为孩子上幼儿园之后得找个事做，选来选去最后选择了地瓜。因为地瓜离家近，方便接送孩子，我也喜欢地瓜的理念——平等、温暖、好玩、创新。刚开始来上班确实有点不适应，但是慢慢坚持下来了，这一坚持都快四年了，通过这几年努力地工作和不断地学习，我从与社会脱节到适应社会，获益良多，其中有收获累累硕果的喜悦，也有遇到困难和挫败的惆怅。

　　这份工作让我接触到了许多不同的人和事，不但丰富了我的工作经验，也在处理各种复杂问题中得到历练。同时，感谢那些真心教育我、帮助我进步的每一位领导和同事，让我保持一颗积极向上、绝不言弃的心，不断发挥自身的潜能。我坚信，地瓜在未来的岁月中会越来越好，我会用心、用情、用爱来投入这份工作，伴随地瓜共同成长。

王毅仁
地瓜社区（北京）城市合伙人，
地瓜2号店长

"北平的好处不在处处设备得完全，而在它处处有空儿，可以使人自由地喘气；不在有好些美丽的建筑，而在建筑的四周都有空闲的地方，使它们成为美景。"——摘自老舍先生的《想北平》。

各位好，谨选老舍先生此句作为我写的这段话的开头，因为此刻我便身处北京的一条胡同里，听着暖气旁蝈蝈葫芦里传来的鸣叫声，手忙心闲地把我在地瓜这片大家的"空儿"的经历用心地分享给大家。

我呢，来到地瓜已经两年了，充实、回忆满满的两年。两年前吸引我来到地瓜的是，在地瓜我听到了大爷大妈们善意的叮咛，看到了孩子们的可爱笑容，也幸运地遇到了一群带着温暖挽手而来的伙伴；而如今我以一个地瓜"瓜农"的身份，仍在这里给大家推荐地瓜的原因是这两年间我在地瓜切实看到的一幅幅美景——噌噌长个儿的孩子们，枕着孩子们读书声小憩的母亲，为小憩妻子掖起衣角的丈夫。我热爱这样的美景，这些美景中透露着温暖，我觉得这份温暖在快节奏的生活中显得尤为珍贵，而承载着这一幅幅温馨美景的画框就是地瓜，这就是我自己对于地瓜社区的一种解读。

　　我一开始来到地瓜是做活动策划，策划参与了许多令我至今仍记忆犹新的活动，比如地瓜开放日、嘉年华、万圣节、圣诞节、小年夜庙会、花家地店开业活动，等等，在这些活动中我扮演了机器人、圣诞老人、魔法狂人，也当主持人、主讲人，这些身份使我从不同的视角和角度感受和理解了地瓜与居民之间的联系。这份联系温馨而富有力量，是它支持着我坚定地成为了一名光荣的地瓜"瓜农"。

　　现在回想起来，在地瓜的这两年对于我而言，既是一段大家互相搀扶走来的时间，也是一颗种子奋力生长的过程，而这颗果实生长的纹路里铭刻着伙伴们与我的光阴。我在地瓜学习到了太多，也在和居民接触中感受到了太多善意与理解，更在与孩子们的打招呼和交流中找到了曾经丢失的纯粹的快乐，对此我只想说一声感谢，非常感谢！以后希望我能为地瓜的这片"瓜田"播种更多让您各位能自由喘气的"空儿"，也衷心希望我们能一起见证地瓜的成长，让她成长为咱身边触手可及的美景，让她成为生活在这里的无数个"老舍先生"心心念念的故乡的一部分。希望多年以后我们能笑着坐在一起吃着地瓜想北平，谢谢。

4.2 / 地瓜活动策划方法论

调研与洞察力

1. 为什么要现在做？是否有什么相应的事件发生？

2. 活动地点在哪里？具体使用地瓜内部哪个空间？地点是否产生连接？

3. 是否影响地瓜社区的工作时间？是否适合目标人群的休息时间？

4. 设想的活动参与人群画像是什么？他们是什么性别？住在哪里？

5. 来的理由是什么？表象背后的实际动机是什么？

6. 他们能带走什么？有什么东西可以拿出来值得他们分享？

反思上述问题并给出一个设计策划的方向

1. 我想做什么？（用一句话或简单的两三句话来概括）

2. 和其他类似的项目有什么相同点和不同点？

3. 我手上现在有什么资源？我还需要得到谁的支持？

4. 合作方为什么要支持你？

5. 合作方的投入和所获得相应的回报分别是什么？

从想法转化成视觉和体验

1. 把你的想法从文字转译成材料、灯光、形式、空间、图像和声音。

2. 通过寻找戏剧化的矛盾冲突来将上面那些暗喻的元素重新组合。

3. 策划出一个事件和活动。让人能想象出一个有趣的故事。

4. 同时想象一下是谁在讲述这个故事？这个声音的语调是什么样的？

5. 谁又会是聆听者？他们又将通过哪种渠道获得你所传达的故事？

6. 你预期他们会做出什么样的情感和物理上的反应或行动？

将视觉形式细化，并提供说明书来营造空间环境

1. 制作平面图和小模型；

2. 画出参与者整个体验流程的故事板；

3. 参与者如何接收活动信息？如何报名参与？如何到达？

4. 如果可能的话，可以制作产品原型来测试空间；

5. 深化外形和感觉的细节；草拟一份简洁、细化的说明书。

整体评估

1. 商业成功：如产品销售。

2. 媒体成功：公众影响力、出版和传播。

3. 教育成功：如目标人群学到什么了？

4. 社区凝聚：更多人感受到社群联系紧密、相处舒服并有能动性。

5. 受众体验：级别评价体系。

信息反馈

1. 参与者如何反馈给我们？

2. 如何激励参与者给出反馈？

3. 如何将反馈汇总后用于指导下一次的活动？

案例 01 / 神笔马良

"你画一个水果，我送你一个水果。但是在你拿走水果以前，你必须给下一个人出一道题，比如说：上厕所的苹果、失恋的香蕉……"

　　一开始，我们以为只有小孩子愿意参加这个活动，结果好多中青年人和老年人也加入其中，原来大家都想给下一个人挖一个"坑"。人们通过这种幽默的方式连接到了一起。连接是需要创造一个理由的。

身材好的
梨子

苗条的梨

想上山的
猕猴桃

没钱理发
的猕猴桃

高兴的
猕猴桃

乖乖的
桔子（贾希）

臭美的
桃子

案例 02 / 地瓜墙纸

绝大多数的地下室居民在搬入新屋子后，都会用报纸和杂志来当作墙纸贴墙，用最便捷的方式来营造自己的小屋，甚至很多大学生也是这样装饰自己的小床铺的。如何用最便宜的材料和大家原来习惯的方法去改善人们临时居住的环境呢？即使是在地上狭小的出租屋内。

于是我们做了一个分析，看看大家一般在门后、窗边、床边、桌边都贴什么样的内容和信息，然后经过重新整理，我们用了八个月时间做了这本《地瓜墙纸》。

《地瓜墙纸》分为五个部分：

门

代表了未知、创造力、可能性、灵感。

在每一扇门的背后，都有一个与地下有关的灵感创造；

你可以在你的房间里张贴出一扇地瓜任意门，创造属于你的可能。

窗

代表了过去、依恋、未来、理想。

它无法体现自然流逝，却能让你看见自己心里的风景。透过那一扇扇来自安苑北里居民自己房间的窗户，瞧见的也是别致的内心独白。

桌

一个整理现实，收集灵感的地方。

如果在这个城市里你有一间小黑屋，你会在里面做什么？九位艺术家用他们的创作回答了我们的问题。

床

现实 / 梦境；渴望 / 努力，休息 / 出发。

在很多地下室，我们记录下了床边的文字，那里没有悲情的故事，有的只是直面现实、勇敢生活的心。无论你来自地上或地下，其实我们都是普通人，每个人都有疲倦和处于低谷的时候，每个人面对的方式也都不一样。

明星海报

我们在地下室发现，很多墙上贴了明星的海报，当赵薇和陈漫得知地瓜的想法以后，同意将由著名摄影师陈漫拍摄赵薇的作品放入地瓜墙纸，两人还分别送给每一位在都市里为理想而奋斗的青年一句话。

赵薇："人生需要冒险，要大胆地冒险，不要怕失败。在冒险的过程中你才能发现自己。很多不敢冒险的人也许就错过了最好的自己。"

陈漫："继续往上漂。"

反思

我们最初设想的墙纸成本应该控制在 20 元以内，但遗憾的是，实际成本却远远高出预期。从这层意义上来说，这个设计是失败的。它没能解决规模化的问题。

《地瓜墙纸》拆分后张贴在实体空间里的效果。

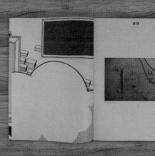

案例 03 / 你身边最可爱的人

地瓜君联合中央美院摄影师侯帅、中国青年政治学院吕蕊、社区小卖铺女老板组织了这次摄影工作坊，由居民自发参与，尝试了一次新的活动——

连接您身边最可爱的人！这不只是一个简单的摄影工作坊，更是一个通过居民之间的互动产生的人与人之间沟通的机会。

活动的大致流程如下：

一、报名后每人领取一次性相机一台，由摄影老师进行指导培训。(没有拿到相机的居民可以用手机拍摄。)

二、拍摄你身边最可爱的人并记录下他今天开心的事。

三、把相机放入信封交给小卖铺的老板，用自己手机拍摄的居民可以编辑"被拍摄者开心的事 + 图片"发送到地瓜君的微信（限报名参与者）。

四、由地瓜君负责替你们洗好照片并发还给你照片。

五、我们将选出好的作品，为你和你身边最可爱的人办一个可爱的小展览，在地瓜空间展出。

大家把自己的名字、最可爱的人的名字以及关于最可爱的人的一句话写到相机背后。

小朋友们对拍照很感兴趣，跃跃欲试。

侯老师先给大家看了一些大师的作品及案例，然后给大家讲解如何通过构图、控制比例来拍好人像。

每个拍摄者都会得到我们特地制作的"可爱的人推荐者"的摄影师证。

左图：小卖铺老板也参与了我们的活动，大家拍摄完毕后到小卖
铺老板这里交相机，就可以得到一瓶奖励辛苦拍摄者的可乐。

上图：孩子们领到可乐非常开心，他们都是社区里最可爱的人！

居民拍下的身边最可爱的人

案例 04 / 地瓜任意门

地下的世界里有个任意门，它将通向世界的任何一个地方。地瓜 1 号在地球另一端正好是阿根廷的一个小镇，我们希望邀请一位北京社区的居民和一位阿根廷的居民相向而行，然后在某一个未知的地点相遇。

　　我总爱幻想，幻想着地瓜就是机器猫的任意门，它可以通向世界任何地方，可以带着地下居民抵达遥远的乡村与家乡。又或者可以垂直通往地球的另一端，我好奇地用软件查找，发现北京安苑北里小区的另一端是阿根廷里奥内格罗省的某一个边远小镇 Ruta Provincial 50, Rio Negro, Argentina，我甚至可以通过谷歌地球查到曾有人在那里放风筝的照片，一切都那么神奇。如果能让地球两端的人相遇会是什么样的场景啊！可让他们在哪里相遇好呢？是在地心，北京地瓜还是在阿根廷？还是就这么让他们在地球未知的某个地方偶遇好呢？这一切如果能被拍成纪录片或是全球直播，该是很酷的一件事吧！

　　这只是一个想法，一切并没有发生，但我还是想把它记录在这本书里，生活需要异想天开。

阿根廷

地瓜 1 号在地球另一端的阿根廷小镇

案例 05 / "地瓜包子分你一半"
地瓜社区创业工作坊——如何做好一门小生意

"双十一"刚过，大伙儿是否"剁手"了？有人沉浸在扫货的喜悦中，也有人独自度过光棍的夜晚，在寒冷的冬日，地瓜君决定为您送去一份温暖，并请您分享给自己的另一半。

地瓜与社区的连接非常重要，其中最不容忽视的一部分人群就是社区里提供各类小型服务的商铺经营者。我们团队的理念就是让店主也能融入社区活动中，因此我们开展了"如何做好一门小生意"工作坊，与杂货店、小吃店、包子铺、蔬菜点等多个店铺老板进行了互动交流，了解他们的痛点，并免费为他们进行建设性的改良尝试，也为地瓜空间地下业态服务的本地化合作打下基础。

地瓜团队以"好口福"包子铺为例，开展了为期 3 天的改良行动，为老板设计、制作、更换了标识性强的价目展板，与地瓜社区结合、创新性地制作地瓜馅包子，通过分享"地瓜"优惠券的方式连接亲朋好友，并对产品进行投票。最终，活动场面极其火爆，居民极高的参与热情、老板满意的表情都反映了我们这次改良计划的成功。

安苑北里"好口福"包子铺的老板听到地瓜君的提议后，爽快地答应了我们做一款新产品"地瓜大包子"。由地瓜社区负责制作领兑券及投票签领工作，包子铺老板负责研发新产品、尝试和改进。2015 年 11 月

13—15 日，我们在"好口福"包子铺门前随机送出新品体验券，领到体验券的居民给店铺老板的产品投票，以便我们能知道哪一种品类是最受大家欢迎的，哪些可能有改进的空间，来进一步帮助老板完善每个品类的食物。同时，居民可以免费得到由地瓜团队精选的营养美味的包子和饮品，或创新的"地瓜大包子"及地瓜食品袋。此外，居民还可以撕下体验券的另外半联礼品券，送给冬日里最希望送上温暖的那位亲人、朋友或爱人，他们用礼品券同样可以免费享用地瓜社区提供的美食搭配套餐一份或直接抵用现金。

这次活动由中央美院志愿者与地瓜社区合作一起为店主免费重新设计了新的价目表、互动投票点等。地瓜社区通过此次活动进一步促进了邻里交往，用分享的精神去传递温暖与情感，吸引人们加入地瓜大家庭，体会每一次好玩，每一次有意义。

案例 06 / 广场舞

研究议题:

一、如果说在小范围的社区尺度内,居民相互之间的信任及道德制约是相对容易建立的(乌合之众),那么在今天的中国,社区居民是否可能成为参与生产活动的消费者(Prosumer,简称产消者)?

二、地瓜该如何去挖掘社区里每个人的社会价值,特别是如何激励居民将自己的专业性价值在当地社区释放,做公益和商业上的平衡?从而增强社区居民之间的连接度。

三、地瓜致力于研究社区内和社区之间的激励机制(engagement),而非介入(intervention)。地瓜又该如何定义自己的退出机制?因为当地居民才是社区的主人。

四、如何激励中青年居民的参与?因为这部分居民目前最受冷落,工作和生活压力也是最大的。而他们目前是社区的主要生产力。

五、怎样用活动和内容来连接社区不同的阶层?

寻找切入点:

跳广场舞、遛狗、打牌、打篮球、年轻家长"遛孩子"等,已成为今天中国城市社区中的典型"社群"活动。地瓜试图在这几种居民喜闻乐见的社群活动中寻找一类进行产消模式的实验。在地瓜社区的一次采访中,我们偶遇当地居民 Q 老师——一个两岁女儿的年轻父亲、中央音乐学院的舞蹈老师。我们一起探讨:是否可以对目前的广场舞进行重新定义?

广场舞实验:

时间: 2015 年 9 月 26 日下午 5 点(中秋节前一天)

地点: 北京亚运村安苑北里小广场

（下文中 D 为地瓜社区的简称，Q 是 Q 老师的简称。）

D：你觉得现在生活中最束缚你的是什么？

Q：很多时候，我们都在为了别人的肯定而做出自己的选择，但现在我到了这个年龄，我真的不愿意！很累。所以我非常看好你们地瓜做的这个事情，我也非常支持。这次的活动我做得也很开心，如果有一天我真的完全腾出时间和空间来做这个事，我觉得会更自由！

孩子马上就要上幼儿园了，其实在带孩子和马上要做的这个事情之间并没有冲突，因为你这个时间是可以把孩子带到那儿的。如果地瓜社区改造好了，我可以把孩子放在那儿，她可以在那里来看我上课，同时她也会知道——原来父亲在从事着这样一种职业。她都可以参与进来，跟着一起跳，我觉得这些都没有关系。相反，我觉得是工作上的牵绊比较多。每个人都在找出口，但都很难。对我来说，我觉得需要去排解。

D：您和地瓜这次合作的动机是什么？

Q：不是完全为了钱，而是为了另一种认可，我的社会价值不是非得要在学校里体现。

Q 老师向居民介绍舞蹈常识

D： 这次舞蹈工作坊的参与者主要以什么年龄的居民为主？

Q： 20～50岁之间的人群。当然，还有很多小朋友，我想如果活动是平时小学放学的时候，他们一定会跟进来，因为他们的理解能力很强。

D： 您在活动之前有过什么预想吗？

Q： 我之前有想过，觉得应该会出现很多种可能性，可能没人，可能大家会觉得很奇怪……

可是实际上那天一开始大家的确都很尴尬，但当音乐响起来，当我带动大家去做各种动作的时候，广场上的人们开始逐渐融入进来，还有小朋友在滑板上跳。我觉得社区的人们还是挺积极的。虽说那天马上就要过中秋节了，人不像平时那么多，但是能够到场的人都在跳，包括有一个大叔居然也跟着我们在做动作，这还挺出乎我的意料的。

D： 活动结束后你和他们还有交流吗？

Q： 我和他们一直有交流，很多站在旁边的人还来问我可能会开设的课程，其中有一个阿姨问了我很多细节："在哪里开？什么时间开？你要开我一定来学。"看来大家还是想对这个有所了解的。

有居民问："教不教拉丁舞或普拉提？"其实我还是希望艺术可以把我们的本土文化保持住，所以那天我既教了一部分中国的民族舞蹈，包括藏族舞和蒙古族舞，又教了恰恰、拉丁和桑巴舞。那些也是少数民族的舞蹈，只不过是国外的。可能年轻人不一样，他对国外的兴趣会更浓厚一些，我想他们可以自己去做比较。

D： 我们如何能找到社区普通中青年人参与到舞蹈中来的动机呢？

Q： 青年人和孩子会有不一样的需求。青年人在晚饭后想要再活动一下，舞蹈帮助消化的方式其实不只是消耗掉能量，更能让身体更好地吸收营养。此外，舞蹈还可以帮助女人在生完孩子后恢复机能。我很强调舞蹈的身心感。如何在舞蹈中让身体带动心理健康起来，然后心理再带动身体上的复苏?

按摩是从医学的角度来看待问题,舞蹈是从运动的角度来看待你身体的问题,而足疗是从休闲的角度来看。其实这三者都是针对你的身体本身,但任何一个东西,你被动地去吸收,被动地去改变永远不如你主动去改变。

D: 做完这次活动,你有什么想法?

Q: 我觉得这种活动一个月可以开展一次,当然,如果地瓜社区完全建好了,我觉得完全可以从户外转移到室内,虽然利弊参半。户外有很多干扰,空间不够静谧,但室内又有很多局限性,毕竟空间有限。然后在这当中,我会给大家推荐一些既定的目标,在我的课程当中,我还会引入一部分音乐的内容,尽可能将更多的艺术元素加进来。

我希望通过这样的活动能让大家意识到,舞蹈就是你生活的一部分,不要把舞蹈简单地归为一种舞台或艺术的行为。动起来有很多种方式,不是非得把腿扳到头顶上或跳得有多高才叫舞蹈。那只是我们看到的舞蹈在职业上需要的一部分,它的大众性反而被忽略了。

与此同时,我们也忽略了自身的身体感受,而现在要做的就是需要大家把自身的感受调动起来。其实在打开心的同时,也在打开你的身体;反过来说,你在打开身体的同时,也在打开你的心,你将更容易去接纳很多的事情,更容易去产生包容心,更容易在这个社会中体会到一个共同的标准,而不只是习惯性地站在自己的角度去想问题。

D: 如果让你选一个颜色来代表舞蹈,你会怎么选择?

Q:(长时间思考沉默)舞蹈不是一种颜色可以表述的。首先,这个房间进去不能太冰冷,应该是暖色调的。其次,地面对舞者来说永远都是暗色的东西,但我更希望它是温暖的,让我进去之后可以毫无顾忌地躺在那儿。最后,周围的墙要让人走进去觉得很开阔,这种开阔就像你

在大海里航行，看到的只是海的"冰山一角"。可能地面是沙漠的感觉。

D: 为什么是沙漠？而不是木头呢？

Q: 我们的手和身体是可以放到沙子里面的，你触碰到它，可以和它完全融合在一起，你中有我，我中有你的感觉，同时你又可以成为一个单独的个体。但木头不是，你永远只能在外面，你和木头只能是两个部分，然后两个部分产生拼接。而这两种感觉本质上是不一样的。

D: 那墙面呢？

Q: 就 19 号楼地下室来说，可能用蓝白色比较好。

D: 那蓝白色不也是冷色调吗？

Q: 因为它在上面，这时候你的眼睛看到的需要是开阔性的东西。但在蓝白色当中可以带一点点跟地面沙金色相融的暖色，它就不会完全是冷色调的了。然后，我需要在墙角出现一个"太阳"，不管它是夕阳也好，朝阳也好，我不要它出现在墙的正面，因为那样会很突兀。这个时候，蓝白色中出现金色就会变得很温暖，给人感觉视野很开阔，虽然房间很小，但你的心是打开的。

D: 你觉得需要镜面吗？因为镜面可以让房间看上去很开阔，练功房似乎总是有一面镜子和扶手栏杆。

Q: 我觉得不需要，但栏杆可以有。即便要有镜子，我也希望外面能有一层纱。因为舞者在学跳舞时老师经常会说："你去看镜子。"可我认为，当你去看镜子的时候，你已经偏离了你的身体，你已经游离在外了。我更希望他在学习时更关注自己，就像我们刚才谈到的"你要想清楚自己到底想要什么"。如果一百个人全都给你意见，你都觉得很好，但你可能还是不知道自己想要什么。

城市即人

Chapter 05

What is a City, But the People.

城市即人，盘活闲置资产绝不是我们的首要目标，我们首先是要帮助团队成员成为阳光、有目标的人，然后再一起去激活身边一个个有着真实情感的人。人活了，资产才能活，才能真正形成幸福的城市。在具体的设计过程中，需要持续地去了解社会系统的运作。尽管我知道：大多数时候，我们只能是在做局部的观察，更谈不上获得所谓的"真实"。我开始不满足于停留在社会学或人类学的观察体悟，试图在设计实践中去感悟政治经济学的现实运作，采用"自下而上"和"自上而下"相结合的工作方法，努力探索"人、城市权利、公共空间和公共资源"四者之间的关系，寻找公共空间中"组织生产、分配、交换和消费公共资源的新方式"。 走出传统设计师的舒适区需要极大的勇气。恰巧，成都给了我这样的机会。三年前，我便和这座耿直的城市开始了最亲密的接触。如今，地瓜终于从地下走向了地上，我们有幸能为这座城市做一些具体的改变。

成都曹家巷 / 地瓜入口

回到三年前

2018 年 7 月 17 日，正在四川平武县关坝村调研生态脱贫的我，恰好遇见了曾在北京打拼，居住在北京外国语大学附近地下室的返乡青年李芯锐，在了解了我在北京做的地瓜社区之后，他问我："你能不能在成都也做一个地瓜社区，将这个地瓜作为连接城市与农村的中转站？"这个提议和我的想法不谋而合。于是，我在村里通过朋友给当时正在成都市民政局工作的江维老师写了封信，表达了地瓜希望落地成都的愿望。没想到的是，这位素未谋面的朋友竟早已知道地瓜，并热情地为地瓜来成都落地牵线搭桥。

机缘与信任

2018 年 9 月 21 日，一支由成都市金牛区组织部、社治委、民政局、街道办事处等工作人员组成的开放、真诚的团队专程来北京找我。有朋自远方来，我请他们在中央美院的食堂吃了顿便饭，其实那时候我连什么是组织部都不太知道，无知者无畏，席间我畅所欲言，毫无保留地分享了地瓜这些年在社区的创意实践中的各种经验、感悟、困难和自我批判。也许是我坦诚、耿直的白羊座性格和金牛区太合拍，双方当即确定地瓜落地成都市金牛区。值得一提的是，在那之后我与金牛区及驷马桥街道合作的过程中，感受到的真的是信任和担当，至今亦是如此。

2019 年 2 月 23 日，在考察了金牛区好几个地方以后，我最终确定了曹家巷。其实后来很多人问我为什么要选曹家巷，我想大致有四个原因：

首先，人的精力有限，我喜欢挑一个最需要我的地方扎根下去。了解当地发展中矛盾生长的"社会过程"，学会并享受当地人的生活方式，特别是去理解当地人对于"时间"的观念，例如"喝茶"这件事。不会说成都话没关系，我可以用设计和艺术的语言或直接的行动去对话、启发和激励。这种被创造出来的艺术场景应该是可以被不同文化的人们体面接受的，不是那种压迫式的征服，也不是一次性的消费式打卡。

其次，成都人都说北门衰败，乱，穷人多。越是这样，我越喜欢，我就喜欢干雪中送炭的事。再说了，"乱"也是另一种包容，才可能容纳"不同"（异质），有"不同"才能促成创新的多元组合。去了一趟城南，和别的大城市也没多大区别，这就更坚定了我的想法。

再次，曹家巷人口老龄化，外来人口不少，还有吸毒人员。这让我想到了自己当年在英国中央圣马丁艺术与设计学院读书时，周边的 Kings

Cross area（国王十字地区）情况和曹家巷差不多，当地政府引入艺术（中央圣马丁艺术与设计学院）、科技（谷歌英国总部）和文学（哈利·波特的 9¾ 站台），从而在十年间改变了区域，成为城市品牌。而驷马桥街道徐书记在大雨滂沱中提出的一句"如何通过创意改变地区的人口结构"，深深地打动了我。

最后，当年曹家巷棚户区拆迁工作是由当地居民自发成立的"自改委"（居民自治改造委员会）组织的，为此中央电视台还拍过七集纪录片，这让我对这片区域的人们产生了浓厚的兴趣。

行！就曹家巷了！

改造前的曹家巷

曹家巷前史

　　曹家巷位于成都北门，曾是中心城区最大的危旧房棚户区，2012年以前，在这片总面积约198亩的土地上，约14000多名居民，居住在65幢危旧红砖房中，共用7个旱厕。现有建筑大部分是建筑行业的国有或省属企业的公房。曹家巷作为当年的"北改"第一改，其拆迁改造对成都的整个"北改"都有着决定性的重要意义。

提到曹家巷，几乎所有老成都人都知道。20世纪五六十年代，当时作为中高收入人群的建筑产业工人及其家人能住在这样的红砖楼房里还是非常惹人羡慕的。但六七十年后，随着时代的变迁和产业结构的转型，曹家巷逐渐破败，繁荣景象不复存在。

上图：一个单元住着 40 来户人家

右图：爬上破败危险的楼梯来到公共走廊

下图：楼下刮胡子，更敞亮

2012 年 12 月 18 日，成都市一环内最大的危旧房片区——曹家巷一、二街坊危旧房（棚户区）片区自治改造附条件协议搬迁动员大会顺利召开，这对曹家巷的居民来说是个大日子，参加动迁大会的有 4000 多名曹家巷的老街坊。

一群新生代建筑工人，在这里，为老一代建筑人编织着新的家园。2018 年，曹家巷一、二街坊棚户区自治改造项目，原地返迁住户结算、交房工作正式启动。下面这条路叫马鞍南街，街的左手边是安置回迁居民的恒大雅苑，右手边是外来住户的商品房曹家巷广场。

地方与契机

　　2019 年，按照约定，原恒大曹家巷广场售楼处一层和五层共约 3000 平方米将正式移交给曹家巷社区使用。地瓜受邀为曹家巷社区党群服务中心做整体设计，并建立成都第一个地瓜社区。

　　曹家巷地瓜位于一环内府青路与马鞍东路的交叉路口，门口就是红星桥地铁站 C 出口，交通十分便利，两栋尖屋顶型的房子十分显眼。虽然目前由于地铁施工，整个建筑沿街的一面暂时被围挡了起来，但我觉得此刻的地瓜就好似一座城市中的孤岛，闹中取静，坐在围挡里，感受到的是老成都的时间节奏。

红星桥地铁站 C 出口　　府　　青　　路　　马鞍东路

中国依靠生产性消费来带动经济，随着城市更新和城镇化的进程，传统的能被人熟知和记忆的空间被大量摧毁，很多空间被重建为新的形式，例如新社区空间、地下室等。

法国人类学家马克·奥热（Marc Augé）将这些新空间定义为"非地方"（Non-Place）。非地方，是乌托邦的反义词，它是客观存在的空间，但它不作为任何有机社会的庇护。而且这些在都市里形成的越来越多的新空间，它们总是在形成、变革、出发、不断变化的片段中演进。

在我看来，社会设计在当代中国的任务之一，就是要实现对大量"非地方"的转化，使之成为新的"地方"。正如马克·奥热所说，一个"地方"（Place）必须包含三个基本特征：具有认同感（identical），能产生人与人的关系（relational）和历史性（historical）。这正是今天我们中国社会在发展中所迫切需要的。

改造前的地瓜空间，原为恒大广场的售楼处。

设计第一步：问问当地人

一旦明确了具体行动的"地方"，我们就要开始分析当地的"社会过程"，对实在的人的一些实在的行为进行观察。正如社会学家项飙老师所建议的那样，通过自己的切身体会去理解世界，并从非常具体的生存状态出发去讲事情。

2019 年 4 月，我带着中央美术学院设计学院的十几个大一学生来到了成都，联合四川师范大学与四川大学的志愿者，展开了联合课程《NEXT 1968——城市权利的调研与社会空间的实践》。从 1853 年奥斯曼（Haussmann）负责的巴黎市政工程建设到 1871 年的巴黎公社——通过城市化的方式解决资本过剩和失业问题，建立起全新的城市生活方式；从 1942 年罗伯特·莫西（Robert Moses）在纽约通过债务融资建设的高速公路系统和基础设施改造到 1968 年的城市运动——通过郊区化，对城市和整个都市区域进行重新建设来吸收剩余产品，进而解决剩余资本的吸收问题；正如恩格斯 1872 年在《共产党宣言》中预言，且在包括中国在内的很多国家正在发生的——通过城市政府的财政管理、土地市场、房地产投机以及在"最高产出和最好使用"的旗号下，按照能产生最高经济回报率的方式对土地进行分类。我们由此引出此次社会实践的主题和思考——NEXT1968，下一次的城市运动会以何种形式发生？我们该如何面对可能的城市危机，设计师又该如何介入？课程以成都曹家巷为研究对象，通过场景分析、居民调研和精读研讨会，帮助同学们初步理解城市权利和共享空间。

如何进行基于居民满意度的城市策略实施？鼓励居民分享想法和思路，消除居民的不信任感和事不关己的消极感。设计一个可以服务多元受众的定位叙事，让社区主要的利益相关者都参与进来。但满足所有居民的需求是不切实际的。居民对他们生活、工作、娱乐的地方的态度和依恋程度，可以通过他们的建议或抱怨来影响游客和访问者的感知。

同学们在曹家巷走访调研，并把采访过的人物、场景绘制成了一张 4.5 米 × 4.5 米的人文地图。

曹家巷地瓜居民投票视频

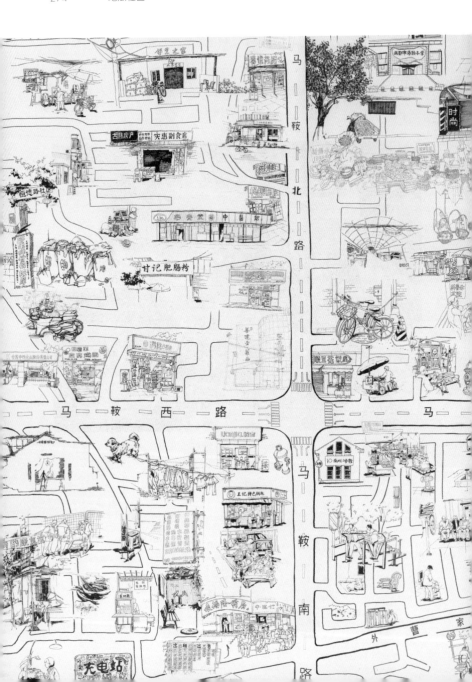

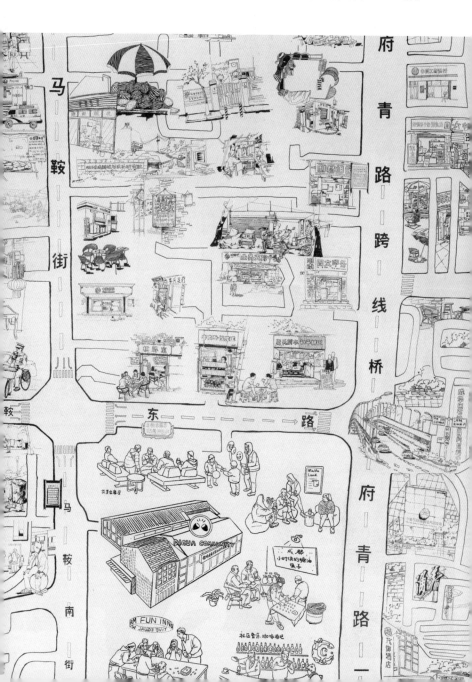

然后，再用售楼处扔掉的道具在闲置的空间中搭建大家想象的社区共享空间。

设计第二步：理解成都包容的拼贴美学

在展开具体的设计之前，其实我一直在纠结一个问题：对于成都北门的社区公共空间，到底应该是追求完美的极致美学，还是体现多元的拼贴美学？

曹家巷是成都著名的美食一条街。过去两年里，由于喜欢吃，我经常光顾各种苍蝇馆子，和不同阶层的人搭讪聊天，试图去感受他们与人的沟通方式，并且观察他们的"舒适"状态。慢慢地，我终于理解：

成都之所以是包容的城市，是幸福感最强的城市，其关键点，就是能接纳各种不同的文化，特别是不同层次的文化。在这里，无论你做什么工作，每个人都很平等，你越是有个性，做你自己，别人就越尊重你，人们对待事情也都很随意，很真实。而且，在注重自己生活态度的同时，人们也能接纳别人的生活方式。各有各的小确幸。所以这座城市才具备了丰富的异质性，才有可能蕴藏各种阶层所喜闻乐见的食物，并随着时间的流逝，留存下大众喜欢且消费得起的美食与生活态度。

当然，随之而来的是，这种随性的工作方式也体现在地瓜空间的施工过程中，凌乱的吊顶管线，不匀开裂的水磨石，临时的"墙体"，四处拼凑的过门石……坦白地讲，一开始我是完全不能接受的。

就在某一个痛苦的夜晚，我在春熙路遛弯儿，无意间发现了一个衣衫得体的流浪汉老爷爷，他正借着橱窗里的光，在一个本子上打格子。我惊呆了，难道他也是平面设计师？我二话不说，一屁股坐了下去，和他聊了起来。老爷子笑而不语，拿出了几本他制作的"手工书"——这些都是他用捡来的纸板"装订"起来的，写着平时在成都街头流浪时的所见所闻，所思所想，还用捡来的各种包装贴纸拼贴成画面，好看极了！完全记录了一个超现实的成都市井！临走，老爷爷还送了我一本他的手工书，那晚之后，我突然释然了，我当时对空间施工中种种不满意渐渐消失了。

我开始明白：所有的不完美都是一种"异质拼贴"，它有一点儿法证建筑（Forensic Architecture）[1] 的影子，每一处的"拼贴"都客观记录了该空间在此刻"社会过程"中的生产。我不需要将他们掩饰，这反而是一次绝佳的记录历史变迁的机会。我应该通过进一步的软饰设计，去化解或诠释这些"不完美"。

事实证明，正是由于那些随性的不完美，社区老百姓反而没有了压力，敢进来了，我做了几次小访谈，无论是老年人、青年人还是小朋友，大家都感觉很舒适和放松，有格调，但没有极致美学的压迫感。

有时候，社区空间就应该是一个呈现矛盾、梳理矛盾、化解矛盾的地方。矛盾不应该被掩饰，而是需要被呈现和梳理，进而才能被化解。

1. 法证建筑是伦敦大学金史密斯学院于 2010 年成立的空间调查研究团队，由建筑师埃亚尔·威兹曼（Eyal Weizman）发起，旨在利用数字媒体时代大量开源数据展开调查研究，争取社会与环境公平。参见 https://forensic-architecture.org。

设计第三步：异质拼贴、将错就错、空间自组体

材料上的异质拼贴

红砖 + 不锈钢 + 木。红砖代表老曹家巷的建筑记忆，每一块红砖都是日记本里的一页，记录的是每一个老曹家巷人的集体回忆，更是"创造当下历史"的新曹家巷人的生活日常。不锈钢代表了现代人快节奏的生活，在模糊的反射中看不清自己，这也将更加凸显红砖上实实在在的情感记忆。木代表了自然和日常，因为经得起日常锤炼的，才是最有力量的美。

功能上的异质拼贴

入口处老茶馆和社区小酒吧并置。因为在那个物资和能源匮乏的年代，成都的社区活动中心就是茶馆，社区里的三六九等，包括社区书记，一般都在茶馆里摆龙门阵（聊天），以及解决邻里纠纷。

在老曹家巷红砖房，居民们首先要穿越的就是一个公用厨房，然后才能进入各家的小单间。所以我就在地瓜的入口处设计了一个"共享厨房＋茶馆"。我邀请了三年前认识的老朋友，也是曹家巷原住民——在原二医院附近经营"成都小时候的糖油果子"的颜二哥重新出山，入驻地瓜，而且就位于地瓜的入口处。一来，二哥可以在这里摆个茶铺，帮着招呼一下曹家巷的老居民；二来，我不想让成都"小时候的"味道就此消失，糖油果子是多少老成都的回忆！

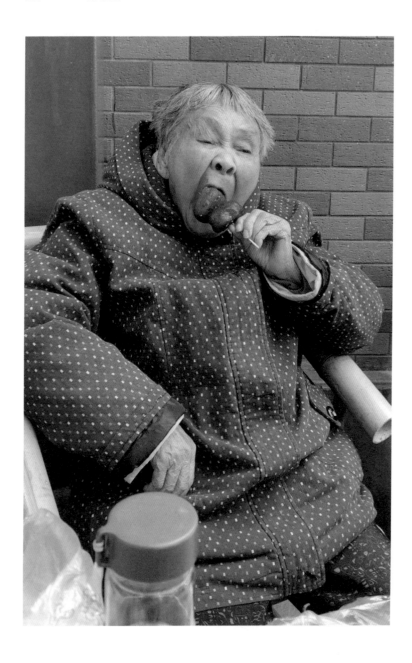

上图：来地瓜坝子"啖三花"（喝茶）

左图：这位 90 岁的老奶奶来地瓜吃糖油果子

下图：地瓜入口处的共享厨房

上图：将错就错，为了削弱临时"墙体"的格栅效果，我们特意在玻璃上贴了手绘的黑色线条插画，且笔触的粗细和格栅一致。下图：社区空间的美学结构的形成，应充分将居民个体的自由发挥与社区的组织结构有机地结合到一起。书架不是简单用来放书的，而是被设计成一组组不同的"兴趣小组"，是呈现不同的社区自组织的美学结构。

以前，曹家巷都是上面这种尖屋顶，我们在地瓜的一面墙上也设计了很多小房子，金属的代表商品房，木头的代表回迁户，并在每个小房子上标注上楼号，然后组织了乐高工作坊，鼓励每个家庭把自己的玩具人物形象放在每一个自己居住的"楼"里，立刻就显现了曹家巷微缩的"小景观"。

上图：地瓜空间里自从有了这个小舞台，各种社区小团体都纷纷涌现。

右图：每周五晚上，Hi SWING（嗨！摇摆吧）青年舞蹈社群在地瓜组织活动，一周的工作压力在这里得到释放。

下图：白天，老年合唱团在地瓜。看着老人背着手在那里认真地唱歌，我可以想象他还是孩子时的样子。

从空间组织到空间自组体：空间自组体能使受他们影响的人以未知的甚至以往不可行的方式参与到他们所处的空间变革中，重组社会空间，从而激发社区空间的潜力。

下图：这位家住曹家巷的年轻妈妈告诉我，她儿子上小学六年级，压力很大，以前不愿意做作业，无意间来过地瓜以后，现在每天都想来地瓜写作业。后来她家在曹家巷买了房子。

上图：成都知名的麓湖社区居民们在一周内两次来地瓜交流，我无意间得知，一位居民曾大姐由于上次来地瓜后受到激励，才决定竞选麓湖社区发展基金会居民理事，并竞选成功。

下图：有一天晚上八点半，一位小姐姐来到地瓜，我搭讪问她是做什么的，她说是老师。我问："你教什么的？是不是科研任务好重？！"她指了一下包包，说："我就是来写论文的！"……我说："你慢慢写……我们等你。"她就坐进了下面的卡座了。那天，直到很晚她才走。

上图：美学还有助于提升社区服务体验和基层工作者的工作环境，增强他们的自豪感。

左图：地瓜从来都是小伙伴们玩耍的秘密基地。能有幸成为孩子们童年记忆中的地方，真好！

下图：由于社区工作人员常常加班，他们的孩子下课后会在这里写作业，等妈妈下班。

设计第四步：角落城市——叙事空间的人文关怀

　　人是空间的主体。一方面，空间要满足人们眼下需要的功能；而另一方面，则应该通过娓娓道来的空间叙事引发每个人对社会关怀的思考。

　　2020 年的暑假，我和央美的石韵媛老师共同在成都组织了"角落城市"工作坊，有 80 个成都周边的青年报名，最终我们遴选了近一半人参加。从作家道格·桑德斯的"落脚城市"到社会设计的"角落城市"，我们一起探索学习如何用艺术治疗的方式建立人与社群的新联系，深入参与到解决"日常问题"的过程中，以修复城市角落的生活。

下图：大家在未建成的地瓜工地上讨论

上图名为"远眺的男孩",缘于曹家巷一户外来务工家庭。妈妈对于自己平时不能给孩子更多陪伴的时间而感到内疚,艺术家马奕奕在得到了家长和孩子们的信任后,用一个下午带着孩子们一起摄影,他们热情地带她去平时玩耍的秘密基地——一个屋顶平台。其间,她用相机捕捉到这张照片的瞬间——眺望曹家巷未来的孩子。

下图名为"消失的地图"，是曹家巷一位姓表的嬢嬢边回忆述说，边凭记忆默画出来的老曹家巷地图。艺术家谌雪洋回忆起她当时采访这位嬢嬢时的感受："这一幅简单的地图融汇了表婆婆在曹家巷的童年与青春时光，每在地图上走一步，就会出现一个记忆，有街坊、杂货铺、粮店、姐妹，每朝前走一步，后面的房屋、道路、人就消失了。"

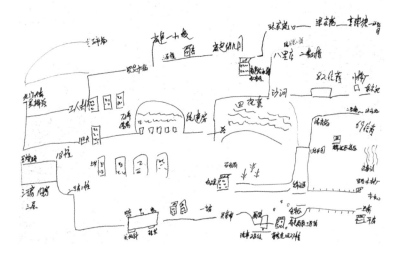

李阿姨，50多岁，四川遂宁蓬溪县人。外年子，以前在老家干农活。

这个公厕位于立交桥下边，两边分别有路从厕所顶上压过。这是一个"旅游公厕"全，装修整洁，厕所隔间门背后贴着一面放置了充电宝可以租借。

这是李阿姨住的管理间。煮完饭后锅碗都收在中间的柜子里，这样房间看起来才干净整活。

公厕离周围生活区较远，买菜不是特别方便。阿姨一般早上将饭煮好，中午热着吃，中午只休息一个小时，且中午人流量又比较大，煮饭时间会比较紧。晚上随便吃点，较少炒菜。

学英语的成都青年 Jue 很关注成都公厕保洁员的生活，她采访并记录了成都市很多公共厕所的日常情景，拍摄了很多普通但很真诚的照片，我们将她的作品在地瓜公共厕所的走廊里展示，并用手抄的方式将故事写在了"红砖日记"上，只是希望有更多人能了解这些普通人的另一面。

A PLACE
THAT EMPOWERS
YOU TO EXCAVATE
YOUR VALUE

让每个人

在家门口

实现自己的价值

设计第五步：产消者计划

　　地瓜的工作，就是要鼓励当地居民用自己的技能来利用社区的空间，为邻里提供免费或低价的服务，将未被充分使用的闲置空间按照时间轴和社群需求改造为社区里"邻里社交和教育的优选场所"，打造协作共享的"社区幸福经济体"，构建社区里新型的产消文化空间，即：居民既是生产者，又是消费者。

从地瓜长期的经验看来，只有把空间提供给当地人，激励其参与空间的生产、消费和分配，才能使当地人产生对空间的归属感，而不是单纯地被资本裹挟。当然，也允许资本的局部参与。

"社区幸福经济体"应区别于传统的社区商业，其目标是以商业的逻辑来重构社区的社会关系，因此，其场景设计及品牌必须以连接人为核心。

空间自组体的核心在于鼓励每个人向其他人分享知识，这需要通过承认非专业人士的贡献，并用一种易于理解的方式传播知识来实现。

产消者：张伟 & 张鹏。他们是兄弟俩，都是曹家巷原住民，哥哥张伟喜欢读书，弟弟张鹏喜欢拍纪录片。家里有满屋子的书，他们在网上看过我的分享，没想到地瓜居然开到了自己家门口，便拿出 1 万册二手书放在地瓜，希望能和曹家巷社区的邻居们分享。弟弟张鹏 2020 年底去云南学习纪录片拍摄，最近学成归来，给我写了一封长长的信，他对地瓜的认知和观察给了我极大的启发。

周老师：

　　您好！

　　通过您的微信朋友圈得知您已回京，没能及时和您面对面交流，向您请教，颇为遗憾。怕耽搁您的工作，所以我想先以文字的形式发给您。为期近半年的个人再教育之行，终于接近了尾声，虽然比原计划推迟了近两个月结业，但是老师倾囊相授的苦心和不厌其烦的耐心，让我在这种"师傅带徒弟"的环境下，得到了比较快速的成长。毕业作业的后期制作和修改，可以和老师通过网络沟通来完成。所以我前天晚上顺利回到了成都，这次的学习虽然还不能说学有所成，但是说学有所获应该是恰当的。这两天稍作调整后，我还是希望把个人一些粗浅的所思所想及时向周老师汇报，哪怕还不成熟，最后还请周老师费心纠正和指点。

　　最为重要的一件事，还是关于接下来拍摄纪录片的计划。最初，我想是否可以从几位有着鲜明的性格特质、不同的职业标签和家庭环境的在地居民着眼，从他们的个人经历开始。这也算是在思考完理想，带着具体问题切入到现实实践中去观察与纪录，从概念和理论的框架中离开。但是，我又想整部片子如果从一个小世界要指向一个更大的存在，要清楚拍摄和传达的含义，以及自己知晓和让观众知晓的意义是什么，那么这样平行地纪录几个人或者几个家庭的状态，是否会陷入一种相对比较单薄的表达？从这个问题出发，我想能否从地瓜的视角开始。

　　地瓜虽然不是传统意义上体制内的社区，是一个被建构起来的小世界，有自己的社会性立场，但正是因为这一点，地瓜与体制保持着一定的距离，形成了一个有机的组织，能讲清楚居民的故事和想法，又对体制有解读，能理解得透，再以一种知识分子有机的语言结构和说话方式与体制沟通和迂回，却又不像公共知识分子那样，一定要提出一个普世性的原则，做普世性的批判和倡导。所以，地瓜对居民也就没有那种居高临下态度和宏大的叙事，对体制也没有道德上的优越感，而是要将例如二哥这样的居民几十年来一直坚守着他的糖油果子摊，几支烟、一杯茶就成为了他闲适生活的标志背后的意义讲清楚。这样的发声是一种对生活状态从内到外的体察。当然，二哥只是众多本土居民的一个缩影，对于地瓜社区而言，还有非常多的人群值得被观察和记录，比如流动的青年群体，步入暮年的老年群体，以及在实施"双减"政策后，希望和焦虑并存的家长群体和他们无忧无虑的孩子们，等等。曹家巷社区不再是"北改"之前以省建三公司职工为主要居住者的社区。彼时，大家都在同一个单位工作，有共同的话题，收入也不分伯仲，子承父业，一些家庭甚至是世交关系。以前大家聚在一起，并不会做价值判断，有用或者我喜欢的就参加，没用的我就不参加。每一周，每个单元的邻居"打平伙"[1]就像融入日常生活一样寻常。而现在是以个人的事实判断为基础所形成的居住选择，在失去了原来"亲亲"关系的先决条件后，每个个体或家庭的背景差异就带来了立场和观念的多样性，以及利益上的多元需求。

有意义和有趣的地方正在于此。他们是否有可能通过地瓜社区结合在地的元素，在所开展的与文化、艺术和哲学等相关的活动中，重启丰富的生命情感，让自己的终极关怀在此中得到观照？昨天，我在一个老茶铺里喝茶，有五个年龄在五十岁至七十岁的中老年人坐在我的邻桌，他们自带着卤菜和白酒，盖碗茶不贵，一直都是五元一杯，几人一共消费二十五元。通过他们的对话，我了解到，几人曾经都是建筑单位的职工，又是邻居，现在已各居城市一方，聚在一起正是为了老同事、老邻居叙旧。中午，几人开始小酌。从穿着形象来看，他们都比较保守素朴，但是言语间，聊到曾经的风华正茂和喜怒哀乐，聊到当下的天伦之乐和顺受其正，

1.四川方言，指大家一起凑钱吃喝，费用平摊。

又无不充满着浪漫和智慧。几人谈笑间酌一口小酒，夹一口小菜，那个津津有味的感觉深深感染了我。

这次偶然的相遇启发了我，虽然这次的纪录片有一个先验的预定目标，但是在拍摄方式上，我想还是不采用再现的形式，而是在拍摄中让内容自然生成，这样也避免陷入一个封闭的空间和观念，让画面内容呈现一种活动的状态。设备我也基本准备到位。昨天，我通过一个报社的朋友借了一台小型的电影机，我再去配一个电容麦和移动电源，就可以"单兵作战"了。

在不耽搁周老师正常教学工作的前提下，还要恳请周老师提出宝贵的意见，给予指导。在给您汇报后，我准备明天到地瓜，开始先做一周的观察，以确定记录的视点，以及理清下一步具体的活动行程。

祝好！

张鹏

2021 年 9 月 10 日

我和地瓜

文 / 尹芳

今天是成都地瓜的生日，晚上和伙伴们一起吃了蛋糕，特别感慨。一年前来到地瓜的时候，我还是一名过客，今天却已经成为了它的一员。

回忆起初识之日，是邻居的妈妈推荐了一个遛娃好去处，从家步行过去仅需 3 分钟，我便携幼子前往。红砖木架，咖啡酒吧，糖油果子，仅是一眼便让我对它产生了极度的亲近感和莫名的喜爱。此后，我成了打卡常客，从认识地瓜君，再到加入地瓜，一切是如此自然而然。

"让每个人在家门口实现自我价值（A place that empowers you to excavate your value）"是真正吸引我加入地瓜的原因。作为一个因拼搏事业而晚婚晚育的"80 后"女性，生育之后，在家庭和事业取舍中，我选择了前者，成为了一个全职妈妈。陪伴宝贝成长是很幸福的时光，但是我的内心却始终有所缺失。来到地瓜后，我终于明白，这份缺失是源于自己的社会属性减弱，对于人际交往、自身价值认可的需求没有被满足。

这样的妈妈太多了！最初，我只是想在小范围找到一些志同道合的社区妈妈一起做点有意思的事，没想到这个"雪球"越滚越大，在小小的曹家巷社区内，经过半年多的时间，我们的队伍变成了 160 多人。这些妈妈中有的是心理学方面的专家，有的小提琴、古筝十级，有的擅长家庭关系教育，有的会多国语言……因为地理位置相近，大家经常聚在一起，遛娃，BBQ（barbecue，烧烤），练瑜伽，组织亲子英语角、家庭讲座、心理沙龙等活动。2021 年 8 月，我们依托曹家巷社区成立了"地瓜妈妈自组织"，然后又承接了街道的一个关于新冠疫情防控的微项目。社区的妈妈们都积极参与其中，发光发热，每一个人都学习、成长并有收获。这些是我们最初没有想过的，却在今天实现了，还迈出了新的脚步。

令我印象尤为深刻的是，今年母亲节，我们在地瓜的 MaMaLand（社区妈妈的快乐田）做了第一期"妈妈心理沙龙"。聊到动情处，平日里乐观开朗、积极勇敢的妈妈们无一不在现场涕泪交加。在最初的两三个月，活动结束后经常会看到有妈妈红着眼睛，谁能想到，在她们看似坚强的外表下，积压着这么多的情绪，无处释放。时至今日，妈妈们也常聚地瓜，少了负面情绪和抱怨，更多的是一种安稳平和的状态。有一个外地来的妈妈之前对我说："或许在你们眼中，地瓜只是举办了一场小小的活动，但对我而言，却是雾霾天照进的一束光。是地瓜，帮助我在这个城市快速地找到了归属感。"

这是真实发生在我身边的故事，给了我很大的触动，也成为了我坚持走下去的动力。

作为一名土生土长的成都人，我对于住在成都的什么位置其实没有太多的执念。在地瓜来之前，曹家巷的房子只是作为家里的一个过渡房，我们计划住个两三年，等小朋友大一点就卖掉。因为地瓜，我和家人认识了身边的很多邻居、朋友。千丝万缕的情感，日益增多的回忆，让我对脚下这片土地的感情越来越深，也放弃了最初搬离的想法。

在我心中，地瓜不仅仅是一个简单的物理空间，它更能帮助大家走出钢筋混泥土的围墙，把家的空间延伸出家门，到小区、到社区甚至更远的地方。

成都地瓜今年刚满一岁，未来的路还很长。它并不完美，亦有很多缺点，但就像所有爱着自己子女的母亲一样，我们会用包容、爱和鼓励，陪伴它一起经历，一起成长。

结缘地瓜

文 / 杨磊

结缘地瓜，是我 2021 年最幸运的一件事！2017 年，40 岁的我迎来了我的第二个宝宝，不久，我们搬进了位于曹家巷的新家！年过四十，又带着二宝，怎样的一份工作才是最适合我的呢？当然是离家近又能照顾孩子的了。于是，2019 年年末，从事幼教工作多年的我在家门口开了一家亲子馆，希望在照顾孩子的同时，能发挥自己的专长，做一份事业。可是亲子馆刚开业几个月，2020 年年初的那一场突如其来的疫情，让我的亲子馆刚刚起步便陷入绝境。无奈之下，我关闭了亲子馆，开始每天奔波于城市之中，带着孩子穿过整个市区到城市的另一边上班。

这样的生活并不是我想要的，无数次想要放弃，但生活的重担压着，又怎么能不管不顾地撂下担子"轻松前行"呢？！直到有一天，我接到一个陌生的电话："你好，杨老师吗？我是地瓜社区的……"一切好像是冥冥中注定的一样，原来当我还在小区门口开亲子馆的时候，成都地瓜负责人李鸿瑞随手拍了一张店门口的广告海报，彼时地瓜还在建设中，所以没有第一时间联系我，他们想着等空间建设好了再和我沟通，谁知道因为疫情，这一等就是将近一年！而当我第一次走进地瓜、第一次见到李鸿瑞，第一次听到"产消者计划"时，我就被深深地吸引了，这不就是我理想中的生活和工作的状态吗？

我成为了地瓜的第一批"产消者"，在这里开办了亲子馆，专注社区早教和婴幼儿半日托管。因为地处社区内，家长带孩子来上课非常方便；又因为地瓜对"产消者"的扶持政策，我们的收费能做到真正惠民；再加上同为社区居民，彼此的熟悉和信任日益增加，亲子馆很快走上了正轨。

来这里上课的孩子和家长也不只是为了上课而上课,在这里他们收获的,除了课堂知识,更多的是邻里间的感情、孩童间纯真的友谊。

所谓"产消者",既是生产者,也是消费者。地瓜对于我来说,不仅是工作的地方,而且是生活中不可或缺的一部分。上班时间以外,我会在这里点一杯咖啡、吃一串二哥的糖油果子,还报名上了舞蹈课,参加地瓜组织的各种活动……渐渐地,我认识了很多邻居,结交了很多社区妈妈,孩子也有了很多同龄好朋友。

我是一个嫁到成都的"蓉漂",在成都生活的这些年里,所谓的"归属感",一直好像差了点儿什么,也许是工作和家庭的不平衡,也许是没有朋友闺蜜的"孤独"。但走进地瓜以后,我的生活日渐充实,工作和家庭越来越平衡,甚至在"不惑"之年,还收获了新的友情……我不再觉得自己是这个城市中的"外人",我已经在这里扎下了根!

记得在一次地瓜的活动上,有人问我:"你觉得你这一年做的最有意义的事情是什么?"我脱口而出:"成为地瓜的产消者!"这绝不是一句冠冕堂皇的场面话,而是发自肺腑的感触。感谢地瓜选择了我,也庆幸自己选择了地瓜,期待在未来的路上,我们可以一直走下去!

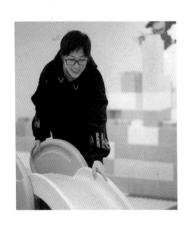

设计第六步：融合社区新团队

　　做任何事情，人和团队是最重要的！面对复杂的社区环境，光靠地瓜自己的工作人员是远远不够的。我注意到社区基层工作人员越来越年轻化（曹家巷社区基层工作人员平均年龄是 31 岁），如何让两个年轻的团队进一步融合与协作，在党建引领下，形成新一代积极阳光的社区形象与中坚力量。从人的精神面貌和言谈举止间，就能让人感受到不同，从以前对社区服务中心的"不敢进"到现在的"主动进"，形成社区真正有人情味和品位的空间。

　　2021 年新年初始，成都地瓜就和驷马桥街道曹家巷社区基层人员坐在一起深入探讨了相互融合与互助的可能性，两个青年团队开怀畅谈，也使我第一次强烈感受到未来社区的协作可能。

新冠肺炎疫情期间，曹家巷社区进行全员核酸检测，成都地瓜团队积极担任志愿者，和医疗工作者、社区工作人员同在第一线，维护公共秩序、提供热水、给厕所写指引牌。

设计第七步：共创地域再生

地域再生的有效性取决于当地民众的支持和承诺，其中包括居民、当地商业经营者和社区组织。必须让主要的利益相关者参与到共同创造的过程中来。

曹家巷附近一共有大大小小的商户 300 多家，其中一共有 5 家较大并具有代表性的餐饮店，分别是明婷饭店、胡记串串香、叶麻辣、张记香辣蟹、马师红烧鸭，很多都是在这条街开了至少 20 年的老店。通过与这些头部商家进行沟通，一方面了解了这条街的餐饮发展历程，听取商家们对于整条街打造的想法；另一方面是首先邀请这些头部商家加入联盟，以带动其他商家的加入。

下图为地瓜成都负责人李鸿瑞正和几位老板一起在地瓜空间内拟订商居联盟初步计划。

设计第八步：地瓜作为连接城市与农村的中转站

我一直没有忘记自己的初衷，地瓜的起源就是七年前为了帮助地下室的居民拓展在城市职业发展的可能性，但随着北京功能疏解，很多人又重新回到自己的乡村或成为小城镇居民，那么未来地瓜又该在城市和乡村之间扮演什么样的角色呢？我们又该在什么样的新场景中为新生代农民赋能呢？历时两年，成都曹家巷地瓜终于初步建成，但这仅仅是个开始。开幕的那天，当初那个建议我在成都做地瓜社区的平武青年李芯锐专程赶来曹家巷地瓜，对我说了这些话，我听了很受触动。

文 / 李芯锐

城市是最大的陌生人群体协同发展的载体，拥有便利的交通条件、良好的医疗保障、琳琅满目的美食、繁华的景象……但是，城市缺失的是信任和人情味！而地瓜具有让社区逐渐建立信任的功能，让邻里逐渐多一些人情味的功能，让社区逐渐成为社群的功能，让社区逐渐成为熟人社会的功能，让社区成为和谐的"城中村"的功能。

农村已经逐渐凋敝，城市逐渐抽干了农村的"血液"——年轻人进城打工、工作、读书，慢慢不再回来，或者很少回来。政府意识到这种状态不好，所以才有乡村振兴战略，但是乡村怎么振兴？首先是人才振兴吧？是让大学生回村吗？那么谁该回去？谁又不该回去？毕竟很多学业有成者的初衷就是脱掉"农"皮！让农村来的回到农村去本身就不公平。

其实很多村子已经有返乡青年，不管是不是大学生，哪怕只是农民工，毕竟他们已经做出了选择，那么支持他们在村里做的事情可持续发展，就是支持了农村，支持了乡村振兴。在互联网社会，谁掌握了流量，谁就掌握了一切，但是阿里、腾讯这两个中国的流量巨人不可能解决所有问题，因为巨大反而做不了"小事"。而地瓜身在城市，是城市社区的一部分，可以了解城市的消费需求，这个需求不是个案（也可以包括个案），是一个或者多个社区的需求，是掌握另一种"流量（具体需求）"的平台。因为地瓜的"小"，反而可以做一些"小事"，可以直接和有返乡青年的农村达成合作，直接用社区的需求（购买需求、服务需求，或者个性需求）支持这些返乡青年的村子做生产（针对销售渠道需求的订单式生产），或者做私人定制的服务。其实，地瓜关注的两端就是城市社区和有返乡青年的农村，关注就是连接的开始，地瓜有这个先天优势，这也是地瓜一直想要去做的——成为连接城市和农村的中转站。

地瓜通过一系列社区活动、公共空间的活动，在社区建立了活跃的老年大学群、宝妈群、排压的爸爸群、青少年志愿者群。这些群体的需求不一样，需要的活动也不一样，而地瓜具备满足这些群体需求的资源。老年大学群需要养生和拓展视野的艺术课程，以及吃得健康。而地瓜的资源有央美，对接志愿者来教授养生、中医、艺术课不是难事，在有返乡青年的村子定制一些粮食猪、鸡或者天然蜂蜜是双赢的事情。宝妈关注的是少儿教育、食品安全、课外培训，而地瓜可以对接大学生志愿者来培训，可以找到有返乡青年的村子真正自然生长的健康食材。排压的爸爸群平时工作压力大，需要的是真正慢生活的放松假期，吃住得健康，舒心，没有网络，没有喧嚣，地瓜可以找到有基础的村子，定制一个"山村七日慢生活"。青少年志愿者群对于大城市、国内国际的趋势已经看过太多，他们反而缺的是"接地气"，到农村去，去真正"晴耕雨读"，用脚步丈量祖国的大好河山是很有必要的。

村子里有返乡青年，或者这批返乡青年真正回到村子待了五年，还准备继续待下去，那么这个村子就是有希望的。找到这样的人和这样的村子，去实地看看他们的村子、他们做的事情、他们的产业。一产是很简单的，让他们成立合作社，和他们签订销售合同。让他们的产品可以按照市场规则来打通销售渠道，将地瓜的需求转变为订单，这就是双方都轻松的可以持续的方式。在这样的基础上，再来推动品牌塑造，质量、诚信是最基础的部分，有了这个，再由地瓜和这样的村子带头人一起来集思广益，怎么让品牌更加人性化、大众化？

地瓜一方面需要做好社区端，拿到需求汇总成订单；另一方面，还要从外部通过订单促使这样的村子、这些产业尽可能逐渐走向正规化。契约精神、法律意识是农村人走向市场首先要学的东西。在运作良好的基础上，拿一定比例的钱出来，给这些村子一些专题培训、体验考察的机会，让这些村子做事情的人在这种连接中，挣到该挣的钱的同时获得提升自己能力的机会。但是这些机会是需要申请，是有条件的，是要"交作业"的。地瓜愿意拿出一定比例的钱来陪伴农村伙伴成长，但是这个成长不能流于形式，福利也是需要主动争取的，而不是免费赠送。除了简单的一产，和农村伙伴一起为了品牌的品类，或者为了和同质化的农产品拉开距离，开发代加工衍生品等工业品是很有必要的（二产）。这个过程可以是地瓜做支持，协调资源，先拿到一定份额的订单，或者一起做一个众筹，让这些代加工的工业品在走向市场之前基本保本。然后让村子的小伙伴，或者地瓜和这些小伙伴一起再去开拓新的市场。甚至可以专门成立一个基金供村子的小伙伴来申请小的、有创意的项目。这些陪伴和练兵，本身就是社区支持农村，本身就是这个品牌的内涵（公平贸易，共同成长），本身就是对于乡村人才最好的锻炼。

第六章

愿景
组织

随着规模的扩大，地瓜每天都是艰难之日，经历着各种客观的、主观的原因和人性造成的困难与曲折。所幸，地瓜坚持着自己的价值观，在探索中愈加明确了自己的核心愿景，阵痛进化着自己的组织架构，也更加坚定了未来的发展方向。"一些行动可能从一本引发争论的小宣传册开始，转变为一个结构更加清晰的组织，进而可能会发展成为对空间中物质实体的自我管理式的设计。"通过自我批判发展出的新思维，是地瓜组织不断调整和进化的重要方法。目前地瓜有三个事业部：社会设计、社区治理、社区幸福经济体。我们一直在思考这些问题：如果没有自己的空间，地瓜存在的价值是什么？我们该如何去定义空间的价值？如何用生产的环节削弱人与人之间的差异性？如何激发人们的自信、勇气和创造力？如何进一步转化新的生产力与新的就业机会？我们要透过现象看本质。所有事物的本质都应该是极简的。

让每个人
在家门口
实现
自我价值。

A Place that empowers you to excavate your value.

6.2 / 地瓜的使命

要实现地瓜的愿景，我们必须明确自己的使命。长久以来，我一直在思考一个终极问题——如果地瓜没有空间，那么它存在的价值是什么？

这里我想具体阐明四点，这是地瓜的使命，也是指导下一步行动的纲领。

一

地瓜的使命绝不是要去像流水线一样改造、占有、并承接更多的社区公共空间运营，而是要观察时代的巨变，在现有全球化金融秩序不稳定所导致的中国经济寻求结构性转变的背景下，用特有的包容性美学的社会设计能力，将流动化、金融化、行政化的"空间（Space）"转化为人文化、生态化、社会化的"地方（Place）"，营造出当地社区新的文化共同体，提升空间的价值内核。

二

具体工作要从直面一个个差异的个体开始，找到每一位居民，倾听他们的声音，鼓励并帮助他们链接资源，提供高质量的公共服务产品，在家门口实现自己的价值，重现激活当地社会化产品生产的协作网络，建立

社区的幸福经济体，这是可持续发展的根本。

三

更为重要的是，必须要将这种"地方"的文化结构和经济结构与当地的社会结构紧密地镶嵌在一起，注重过程的公开和公平，并在"空间正义（spatial justice）"的基础上，为当地更广大的公众提供一块"共用、共享、共创、共治的田地"。

四

当地瓜在不同的城乡社区扎根，更多的社区将被连接到一起，更多的社会产品和产消者也将被连接到一起，地瓜也将由此获得更多可分配的资源。依据用户的贡献和切实的需要，基于平等和缩小贫富差距的目标，帮助城乡之间调配资源，并构建一个新的社会诚信网络。

6.3 / 核心价值观

平等

地瓜最早的价值观就是追求去标签化的"空间公正"，追求公共空间可以被每一个人平等地使用。人们生来平等，无论贫富，每个人都有实现自己价值的权利。地瓜需要给每一个人提供"平等地实现自己价值"的生产机会，用生产去模糊话语上的阶级不平等，在生产和分享的过程中去平等地认识彼此，这是更务实的行动。

此外，随着网络空间的无限链接，一方面，人们拥有的虚拟空间变大了；另一方面，你被听见和看见的机会却更少了，流量被资本所控制。地瓜希望能利用真实和虚拟空间的结合，为人们创造"负责任的、平等的"发声机会。

温暖

什么是温暖？我常说，温暖就是冬日里的耐心等待。

冬日，是春天和希望即将来临的前奏，可能此时也是最困难、最需要关心的时节；耐心，是一种处事的心态，别着急，只要活着，天下就没有过不去的坎；等待，是一种积极的行动方式，是有策略的等待，看准了，想清楚，再行动，做了就不要退缩，随时在变化中应对。

街头黄色灯光下，那个卖地瓜的老奶奶，没有任何言语，耐心地聆听这个嘈杂的世界，眼光和我相遇，微笑，既卖出了地瓜，又让我觉得这个世界很温暖。这就是地瓜要的那种温暖。

好玩

好玩是人追求的天性，无论男女老少，无论什么年龄，每个人都希望度过好玩的每一天。地瓜的空间和里面的人应该尽可能地好玩。

好玩作为一种沟通方法和生活方式，可以被设计成新的场景以化解矛盾，也可以吸引更多的人参与到你的行动中来。人们为什么要来参与？因为好玩！答案就这么简单。所以地瓜设计的场景、活动、服务必须好玩，好玩的事情还自带传播力。当然，好玩的标准是不一样的，但本质就是发挥天性，在游戏中获得存在感。

自己好玩是自嗨，和喜欢的人，和有相同兴趣的人一起玩，则更加好玩。所以玩的组织很重要。有组织间的竞争，也有组织内的竞争。用游戏的方法和好玩的心态去建设组织与社群，这更符合人性。

鼓励把好玩的东西分享给更多人，才会获得更大的成就感。

创新

创意、创造力和创新是地瓜的灵魂。地瓜的创意特指用艺术和设计的观念，改变社区内日常枯燥的生活方式，目的是为了以低成本的方式来丰富、启发人们的生活，提高人们的生活质量。它是日常生活中的小惊喜，是平凡中的小闪光，是孤独孤立中的小连接。而创造力是一种创意的执行力。

创新最早是一个经济概念，它强调的是通过资源或技术的重新配置产生新的生产力和推动力。地瓜必须在不同的地方寻找因地制宜的创新模式，让资源得到更高效的匹配，特别是创造"异质链接"的生产力。但需要注意的是，在决定创新策略之前，必须真诚地去了解当地旧的传统。旧的你都不清楚，还谈什么创新呢？有时候，旧的比新的还好。

6.4 / 自我驱动力

脚踏实地的自我实现 + 创造性的价值"链接力" + 高效的落地执行力，这三点是保证团队里每一个人和地瓜一起继续前行的核心自我驱动力和前提，是地瓜所倡导的社会创新精神的根本，是我们需要始终在具体的行动中去诚实面对的三个本质问题。

脚踏实地的自我实现

地瓜的使命是帮助每个人在家门口实现自己的价值，但首先，地瓜团队是否已经帮助每一位成员在地瓜实现了自己的价值呢？这是一个非常重要的问题。过去地瓜失败的教训告诉我们，如果员工自己的生活都成问题，他怎么能为团队付出？团队怎么能要求他付出呢？地瓜团队必须要关心每一个人是否能在工作的不同阶段中有所获得？一是经济价值的实现；二是自我精神价值的实现。但前提是，每个人都必须具备自己养活自己的能力，必须脚踏实地在团队的帮助下去实现自我价值，必须是在关心团队整体价值的实现基础上去实现自我。在这里，脚踏实地和务实的态度非常重要，地瓜的工作不是制造一个个虚无的想法，不是讲述社区里的故事，也不是简单的做做学术调研，其根本目的是要实实在在地帮助别人和自己去创造并实现价值。

创造性的价值"链接力"

首先，你要善于去挖掘和寻找价值，关注社区里每一位或多或少能创造价值的人，了解他们，尊重他们的劳动，鼓励他们，并且从他们所创造的价值中你也获得了对自己生活的启迪和帮助，然后再请你分享给更多的人。作为地瓜的社会创新者，这里需要你能基于并略高于日常生活的经验，将社区不同的公共服务产品创造性地组合到一起，形成新的产品和服务，改变人们的生活体验。举一个例子，社区里的读书会没有人知道，缺乏影响力。上门打扫卫生的阿姨在普通人的眼里只是一个小时工，但至少是一个值得信赖的人。如果让阿姨在每次上门打扫完房间后，给主人留下一封读书会的邀请信，那会是什么样的结果呢？我想，你会重新来审视这位"有文化"的阿姨的，阿姨也会有机会接触到读书会，读书会也会被更多人了解——一举多得，各方的价值都得以实现，并通过链接使得价值的效益被放大，还获得了新的服务体验。这就是地瓜所倡导的一种创造性的价值"链接力"。

高效的落地执行力

创新不能总是停留在概念和想法上，任何创新理念如果没有落地形成新的生产力和推动力，那就算不上是创新。创新也是一个经济概念，是可以被数字衡量和评估的。提高效率，获得居民的直接反馈，哪怕只是一个微小的创新落地，获得的经验都会让你受益匪浅，获得极大的成就感。在不断的反馈中迭代你的想法实践，你会工作得很充实，这会帮助你建立自己的自信心和行动力。

当然，创新是一件很难的事，并不是所有的想法都能落地，但地瓜鼓励新的想法，任何想法如果暂时不能落地，老百姓不能直接地受益，且不能规模化地让更多人受益，那就先放一放，把想法记录好，并分享给别人，也许可以在别的时间和别的地方实现呢？

6.5 / 自我批判

　　社会设计的过程从来都是复杂的，曲折的，长期的，我们在过程中难免会迷失方向，这就需要经常提醒自己反思，批判性地问自己和团队一些问题，这会帮助我们时刻谨记自己的价值所在。

　　地瓜未来该应用哪些新技术，应用点在哪里，作用是什么？

　　该技术是否鼓励更多人参与？

　　地瓜的项目该如何更高效地使用自然资源和人力资源？

　　地瓜如何考虑目标受众的不断变化以及社会的不断变化？

　　地瓜发展的投入与收入模式如何具备可持续性？

　　如何发现社区里的"矛盾共同体"？

　　地瓜该如何利用矛盾转化出新的动力？

　　项目对于城市空间生产效力的贡献在哪里？

　　地瓜使用了城市哪些资源？

　　地瓜对于城市公共领域的反哺在哪里？

　　地瓜对于城市环境的贡献在哪里？

　　如何取消社会不平等？

　　地瓜对于社会的公共利益的贡献在哪里？

　　地瓜如何帮助城市塑造自身价值体系？

　　项目能为城市带来或能潜在激发哪一种新的经济模式？

　　这种新的经济模式如何振兴本地经济？

　　项目如何能够可持续生存并不断成长？

附录

Appendix

参考文献

[1] ENGELS F. The conditions of the working-class in England [M]. Oxford: Oxford University Press, 2009.

[2] HARVEY D. Justice, nature and the geography of difference [M]. Cambridge, Eng: Wiley-Blackwell, 1996.

[3] HARVEY D. Social justice and the city[M]. Athens: The University of Georgia Press, 2009.

[4] LEBON G. The Crowd: a study of the popular mind [M]. Mineola: Dover Publications Inc., 2002.

[5] URHAHN G. The spontaneous city [M]. Amsterdam: BIS Publishers, 2012.

[6] PUTNAM R. Bowling alone:the collapse and revival of American community [M]. New York: Simon&Schuster, 2001.

[7] SAUNDERS D. Arrival city: the final migration and our next world [M]. Toronto: Vintage Canada, 2011.

[8] MCDONALD K. Struggles for subjectivity: identity, action and youth experience [M]. Cambridge, Eng: Cambridge University Press, 1999.

[9] HARVEY D. Globalisation and the "spatial fix" [J]. Geographische revue, 2001, 2(3).

[10] DELEUZE G. A thousand plateaus [M]. Minneapolis: The University of Minnesota Press, 1993.

[11] SIMMEL G. The metropolis and mental Life: the sociology of georg simmel[M]. New York: Free Press, 1976.

[12] FOUCAULT M. Of Other Spaces, Heterotopias[J]. Architecture, Mouvement, Continuité, 1984(5). 46-49.

[13] LEFEBVRE H. The urban revolution [M]. Minneapolis: Minnesota University Pres, 2005: 150.

[14] Abbott H. P. The Cambridge introduction to narrative [M]. 2nd ed. Cambridge, Eng: Cambridge University Press, 2008.

[15] LEFEBVRE H. The production of space[M]. Oxford: BLACKWELL, 1991.

[16] 尼尚·阿旺, 塔吉雅娜·施奈德, 杰里米·蒂尔. 空间自组织: 建筑设计的崭新之路 [M]. 苑思楠, 盛强, 崔雪, 等, 译. 北京: 中国建筑工业出版社, 2016.

[17] 段义孚. 空间与地方: 经验的视角 [M]. 王志标, 译. 北京: 中国人民大学出版社, 2017.

[18] 埃莉诺·奥斯特罗姆. 公共事物的治理之道: 集体行动制度的演进 [M]. 余逊达, 陈旭东, 译. 上海: 上海译文出版社, 2012.

[19] 让·梯若尔. 共同利益经济学 [M]. 张昕竹, 马源, 等, 译. 北京: 商务印书馆: 2020.

[20] 路德维希·冯·米塞斯. 人的行为 [M]. 夏道平, 译. 上海: 上海社会科学院出版社, 2015.

[21] 德鲁克基金会. 未来的社区 [M]. 魏青江, 等, 译. 北京: 中国人民大学出版社, 2006.

[22] 詹姆斯·C. 斯科特. 国家的视角: 那些试图改善人类状况的项目是如何失败的 [M]. 王晓毅, 译. 胡博, 校. 北京: 社会科学文献出版社, 2019.

[23] 尼克·斯尔尼塞克. 平台资本主义 [M]. 程水英, 译. 广州: 广东人民出版社, 2018.

[24] 项飙, 吴琦. 把自己作为方法: 与项飙谈话 [M]. 上海: 上海文艺出版社, 2020.

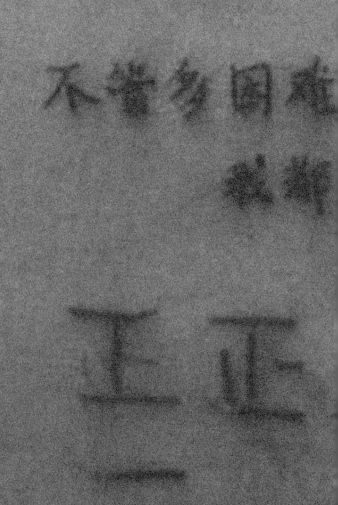

地瓜团队一路走来极其不容易，每个人都在不同的阶段为社区的探索之路贡献了自己的力量。无论你身在何方，这一段段记忆都将伴随着地瓜继续前行，就像留在地下室墙上的这句话。

周子书
地瓜社区创始人
社会设计研究与实践者

设计·责任
如果我不是设计师

　　我有一个新加坡同学，他从 23 岁起就每年去肯尼亚当地孩子学习英语，直到有一天学校被毁了，他实在找不到人来重新设计校园，于是他就决定自己学建筑，然后再回去重建那所学校。这件事开始让我反思自己学设计的动机。

　　如果我不是设计师，我又会因什么而存在呢？我首先应该是一位社会公民。我在英国的导师总是在问我："你从哪里来？你的社会身份属性是什么？你为什么要现在来这里学习？你又能为你的社会做些什么呢？"

　　如果我不是设计师，我可能会是人类学家。因为"一次偶然的倾听"让我重新开始审视自己生活已久的社区，才发现原来作为设计师的我只是其中很小的一分子。那么这个社区里其他人又都是做什么的呢？我该如何和他们相处？

　　如果我不是设计师，我可能会是教育工具的开发者。我们需要一个除了大学以外的新的场所来帮助我们连接周围的创新，让中国更多的年轻人、不同层级的人们重新聚合来发展社交和学习，分享技能和解决问题。

如果我不是设计师，我可能会是一名社会企业家。用可持续发展的产消商业模式去规模化地解决社会问题。虽然传统的商业已发展千年，而且可能是人类历史上相对公平且高效的分配方式，但是否可以存在新的商业模型，从而使我们在商业和公益中寻得平衡，重构社会关系呢？

一连串的自省使我意识到，的确该想想如何做个不是设计师的设计师了。希望地瓜社区会是一个好的开始。

我与地瓜

魏星宇
地瓜社区联合创始人
品牌设计总监

　　听说地瓜是 2015 年年底，匡峻正在为地瓜社区安苑北里店改造通风管道，我在想，这是一个什么组织、什么人在做一件什么样的事情，可以动用艺术家合作到这么细枝末节的程度。转眼到了 2016 年年初，地瓜社区安苑北里店的初步规划已经推进，匡峻找到我一起聊在地瓜社区开理发店的想法。对于这样一个地下室改造项目，我充满了好奇，不知道这样的碰撞会产生出什么样的火花，尽管有很多不确定因素，我对未来地瓜社区理发店的合作充满了期待。这也是我作为设计师在做一个项目前的最原始动力——不确定性挑战。

　　初见子书，我们约在了还是一片狼藉的安苑北里地下室，子书颇有激情地为我们讲述着整个地瓜未来的规划和每个房间的功能。透过他的眼镜，我看到他紧锁的眉宇间有一团燃烧的火，我确定这就是执着、笃定，甚至于偏执的火。这团火逐渐汇聚能量变成能量球，越变越大，最终形成一个小宇宙，宇宙大爆炸的瞬间整个地下室变成了崭新的地瓜社区……头顶滴落的一滴水把我拉回现实，拍了一张子书逆光走出地下室的照片，我们开始筹划理发店的项目。

理发店想法的缘起是，子书发现作为雕塑艺术家的匡峻经常给他母亲理发，便有了艺术家介入理发店项目的想法。在项目初期，我们一直在思考——作为艺术家和设计师介入传统行业，我们能带来什么，创造什么和为什么这么做？在地瓜社区的语境中，理发店项目涉及的范畴比较广，包含空间设计、平面设计、产品设计及服务设计，同时还要考虑经济模式。从一个局外视角介入，通过调研、实验原型、道具虚构以及批判性重构，用新的视角与原型保持距离，让用户沉浸在全新未知的认知体验中，由于现实与虚构的边界模糊，以刻意为之的非现实美学调侃现实世界的规则。所以薄厚理发店的 logo 是一个现代人为古代人理发并使用一个未来机器人，就是希望模糊时间的连续性和有效性。薄厚理发店项目是通过艺术家介入传统生活场景并生成多种替代方案，对于熟悉场景的角色再设计，将语境介于现实与虚构、过去与未来、设计与艺术之间，从而探讨人与理想世界的现实关系。

在做薄厚理发店项目之前，我更多关注的是设计的视觉层面，通过做薄厚理发店和接触地瓜社区，我开始更加关注服务设计、跨界别设计以及更广泛的社会变革议题，从设计东西转变为设计更为复杂的系统，我开始重新思考设计实践的界限。

姜岩
行政总监

事在人为

地瓜，从最早的技能交换地下室设计，然后演变为包含了一些简单功能的地下室改造，慢慢转变到目前的多元化服务、内容及设计——我一直跟随着，在五年多的时间里见证了地瓜的成长变化，也经历了好多事，喜欢的、不喜欢的以及十分讨厌的事情也都去做了；从线上到线下，几乎所有项目、事情都直接或间接参与了；店面的所有物品也都铭记在心，也认识了好多人。

我记得地瓜刚开始没多久时听到雷军说过"创业不是人干的事"，那时候正是创业热潮。现在我特别能理解，也许真的经历过创业的人对这句话更有体会，自己投入的精力越多体会越深，陪伴地瓜这么久了我也是真的心累（字面意思）。

在地瓜这些年，我投入了几乎所有精力，也经历了好多不如意的事情，也实实在在算是懂得了，算是理解了，经历了公司各层级面对的大部分问题的各种烦恼，也不知道多少次想要放弃。想到这里我的心里很难过，地瓜好比自己一手带大的孩子，实在是舍不得，总感觉还没有到应该结束的时候，至少也应该善始善终，就算是要结束也应该做点什么，所以就一直坚持着，其中也少不了那么多同事的陪伴、支持与真诚才能坚持到现在。感谢这些年在地瓜接触的每一个人和经历的每一件事，无论好与坏。

最早有人问我"地瓜是做什么的"，有亲人问过，有朋友问过，有居民和各种各样的人问过，很早的时候我能很清楚地回答他们。随着时间的推移，我对地瓜的了解也越来越多，我发现自己现在不知道该怎么回答这个问题了。当我为地瓜在各种平台或文件上填写资料选择行业的时候，我发现没有哪个行业可以准确定义它，想要给地瓜一个属于它的恰当定义真的很难。

未来，地瓜还会以它特有的方式继续着，也会有更多小伙伴为了它的成长一直努力着，以后会是什么样，谁都不知道，但是事在人为。希望它能一直走在大路上，一直走在正轨上，能为更多的人提供更好的服务，有更多的人爱它。

郭曦
空间设计总监

地瓜的空间

六年前，我与子书在伦敦聊到北京地下空间再利用的可能性。当时我在荷兰学习建筑，本身对列斐伏尔的空间生产也很有兴趣，又与伦敦距离不远，所以能有多次机会与子书当面深入探讨。子书在回国之后把这个成功的毕业设计项目做成了一个成功的创业项目，使它有机会在北京落地生根。于是我也在 2015 年回国参与到团队的组建中。我的任务是负责提升地瓜的空间品质。面对地下室的流线混乱、层高低矮、面积狭小等诸多限制，我每天绞尽脑汁，也实践了很多有意思的想法。2016 年年初，地瓜社区安苑北里店正式开业，我们为地瓜埋下了第一颗种子。之后，地瓜社区的发展经历了成员的改变和模式的转变，但一直不变的是为普通人带去艺术和趣味，为社区营造空间。这几年地瓜所坚持的半公益化遇到了不少困难，但还是坚持在成长，希望地瓜社区今后的发展能够如它最初的概念那样，成为不断生长、不断链接的根茎系统，最终在地面开花结果，去影响更多的人。

董偲琦

项目主管（成都）

地瓜社区的空间中承载交织着来自不同关系、不同文化的社群，在地瓜工作则为我提供了观察他们的最佳"机位"，人与人，人群与人群在这个空间上演着矛盾冲突、文化入侵、链接分享、理解包容。

曹家巷地瓜虽坐落在成都老城区，但来往于地瓜的人中"蓉漂"比本地土著占比更大，活动频率也更高。在一二线城市中聚集着大量背井离乡的青年，他们往往受教育程度高，独立性强，拥有更多的私人空间和更高的社交需求。但工作之余，他们却很难与更多人建立紧密的链接。社区公共空间的开放包容和安全透明降低了人们线下社交的门槛，承载着复杂的社会互动关系和差异化的文化，保障空间的安全性和承载力是公共空间使用的必然要求。

近年来，受移动端迅猛发展和新冠肺炎疫情影响，实体经济严重受挫，像地瓜这样的社区公共空间也受到了不小的影响。当人们更加频繁、高效地在网络上进行关系联结时，线下社区如何突破网络的屏障，让人们在没有固定空间、没有场域限制的环境下感受到社区的力量，享受社区的链接和滋养，是我们需要思考的。

周科
地瓜社区第一任 CEO

一次社区创新的勇敢实践

作为地瓜项目的联合创始人兼第一任 CEO，我有幸参与了这样伟大的社会创新项目，亲历了从笨拙可笑，到戏剧转折，再到由 0 到 1 的伟大胜利，以及充满挑战的创业过程。

地瓜项目实际上推动了社区生态的升级，从创业初期的步履蹒跚到之后的逐步成型，凝聚了每一位团队成员的共同心愿和全部热情。它是调研、设计、改造、活动、服务、市场等不同领域和分工的大汇集，用优化、重组、整合资源的方式让闲置的空间成为新的人气场域，激活邻里关系，构建以人为本的社区生态。

在长期的实践和思考中，我们意识到：多赢的理念是社区营造的心脏，基础调研和设计改造是骨骼，内容活动和多维服务是血液，形象传播和长效经营是不断更新的皮肉，这些元素的完美聚合才可能孕育出新的物种。真心地希望地瓜能不断演进、更迭、优化，成为未来社区生活方式的引领者。

地瓜是你的口红吗？

郑言
地瓜社区第二任 CEO

　　遇到第一次误打误撞、怀着好奇走进地瓜社区的人时，我最常被问到的问题就是"地瓜社区？是干什么的？"世界上最难回答的问题之一，就是什么是什么吧。

　　我们很认真地定义过地瓜，如果只是单纯地回答"地瓜是您家门口的共享客厅"，立刻就会被问到第二个问题——"共享客厅？能干什么？"

　　退回到个体的需求时，答案是因人而异的。我们并不知道这些回归社区的居民会用何种方式来使用地瓜。在实际生活中，他们使用的方式有的平淡实用，有的充满意料之外的想象力。于是我开始思考，对于其他人和我自己来说，地瓜创造的是什么？

　　人生如果是一场游戏，每个人都逃不开的终极考验可能是以下三个：

　　第一，人作为一种生物，最吊诡的事是，终其一生从来没有办法看见真实的自己。而这件事，其他任何一个人都可以很容易地做到。我们只能照镜子，通过镜子看到一个虚拟成像的自己。永恒的信息不对称，让人孤独。所以，人生而为了解自己而迷茫、困惑和痛苦。自己对自己充满误解，别人对自己充满偏见。

第二，人作为一种生物，吃饭、睡觉的欲望随时都在发生，并且永远无法彻底或一次性地满足自己，只要活着就需要不停地满足欲望。欲望只能短暂地被满足，让人绝望。所以，我们只有不停地追求新的快乐，在此过程中不断遭遇新的痛苦；我们总是不断地发现自己变化的需求和欲望，而满足这些需求和欲望的方法却总是来得太晚。

第三，人作为一种生物，最确定的事是，某一天，肉体一定会死去；最不确定的事是，某一天，到底是哪一天。当死亡这个动作发生的时候，或者离死最近的一秒钟，你便与这个世界再也无关。我们只能在等死的焦虑中度过每一天。唯一结果的必然性，让人恐惧。

"不被看见"的孤独、"永远无法满足"的绝望、"肯定会死又不知何时会死"的恐惧，构成了人生的三大困境。

所以，我们需要在一个能被看见的地方，日复一日地创造一些东西，来让我们的人生拥有属于自己的意义。同时，在社区这样一个摘下社会标签的群体里，这些个人的意义，通过多轮的化学反应，会汇聚成对其他人的意义和集体的共同意义。

口红是一种神奇的东西。经济越低迷，口红卖得越好。它是一个对大多数成年女性来说，可以花最少的钱就能让自己高兴起来的美妆产品。口红能让女性被看见。它是物质产品，更是精神产品；它每一天都可以被涂抹；它可以不停地换颜色、质地；它能适应不同的场合，在你的口袋里，随时可以掏出来。

下次，如果再有人问我："共享客厅？能干什么？"我会试着回答她/他："把它想象成你或你配偶口袋里可以随身带着的口红吧，涂上它的时候你会干什么，地瓜社区里就能干什么。"

林木村

前地瓜平面设计师

最早和我一起做地瓜的人

地瓜社区是我大学毕业后的第一份工作，当时吸引我的不是稳定或高薪，而是它的未知、独一无二甚至有点叛逆的性格。地瓜这种天然的特性吸引了很多有趣的人，即使在我们甚至还不知道它叫"地瓜社区"的时候，就有一些朋友愿意参与到项目里，一起在黑洞洞的地下室聊想法、做事情。选择项目的评判的标准也只有一个，就是能否让这个空间被社区里的人"平等"地使用。当时我还不了解，这种衡量商业模式好坏的标准是多么罕见和有趣！而这帮朋友还真的都接受了这样的规则，用地瓜的价值观去考量设计，做出改变。

我们用之后的行动让越来越多的人改变了对地下室的固有印象，将曾经负面的、消极的地下室慢慢改变成了一个正面的、温暖的公共空间。地瓜社区舍弃很多，也得到很多。创造出这样的改变，我觉得应该算是现实世界里的一种魔法吧。

侯婧怡
前地瓜活动策划

我在学校的时候就对叙事性环境设计感兴趣，因为它可以更直接地用设计让一些人得到帮助吧，让我觉得相比做漂亮的东西，更喜欢做的是漂亮的事情。看到技能交换地下室，我知道地瓜在做的就是这样的事，于是毕业后我加入了地瓜，开始负责设计策划活动的工作。

翻开之前的工作笔记，大家一起创业的日子历历在目。我所经历的是地瓜创业初期，是一段比较艰难的时间，一个完全从无到有的过程。

起初，每天都有对未来新的构思和规划，从空间设计到商业模型，从未来活动的规划到市级资金的申请。

慢慢地，我们也遇到了一些问题，不断地在推翻重建。这是一段非常挣扎的时期，进程也可以用日新月异来形容了，但好在每一步对我们来说都是值得的。

一直没对这几年的工作进行总结，现在来看，我依旧觉得这是一件难得的事和一段难得的经历。

地瓜社区数字化的一些思考

阿浪
地瓜 X-Community 实验室
负责人

"需求"的价值

先聊聊我对社区的看法。我理解的"社区",本质上是需求持续性地生成与满足的过程中自发构成的一种形态。

在网络还没有那么发达的时候,生活在同一个地域的人是比较容易形成一个社区的,因为人在日常生活中会产生大量需求,且这些需求是需要被就近满足的。你搬到一个新的地方生活,会先去了解一下周围的环境——附近有没有超市、小区里代收快递的地方在哪里?这些功能性的空间可以满足你日常的生活需要;然后,你会去熟悉一下周围的人——你的邻居、和你住同一栋楼的人,他们是做什么的、擅长什么、平时喜欢玩什么?以后你遇到事情可能会想到对应的人。比如某个周末,你正在家做着饭,你家的水管突然坏了,你想起来同一栋楼的张大哥好像是个管道工,你可能会喊他来帮一下忙,这是很常见的邻里间的互动。邻居家小孩的电脑老是出问题,听说你是搞 IT 的,他们也会叫你过去帮忙看一下,因为你对电脑可能比较熟悉些，而你也很乐意去贡献自己的专业技能。

我认为互联网社区本质上也是一样的，一群人因为某种共性的"需求"聚合在一个线上的"空间"。与线下的社区相比，互联网社区很大的不同点是突破了物理空间上的局限性，可以让更多的人参与进来。例如互联网上的开源软件社区，全世界的人都可以下载这些软件，并使用它们来解决自己的问题。在使用的过程中，使用者可能也会发现一些问题，并将自己的发现上报给社区，甚至可能贡献代码来解决这个问题。这样整个社区又能从中受益，不经意间一个使用者同时也变成了贡献者。

"数字化"对地瓜的意义

地瓜主要是做线下社区的，线下的天然优势是空间上的亲和性，需求的就近满足通常能带来极佳的体验：在家门口就可以参加有趣的社区活动；想要分享自己的专业技能，在自己所在的小区就可以找到合适的平台。但纯线下的模式，也会存在一些局限性：

首先，信息流通性较差。社区有一个活动，只靠在小区里贴海报来传播信息的方式可能过于单一，需要更多元的渠道让更多年轻的群体参与进来。

其次，结构性的记录缺失，缺少内容的积淀。一个活动组织完了就没了，如何有结构性地把这个空间里发生的有趣的事和有趣的人记录下来，把这些有价值的内容展现给更多的人，吸引更多的参与者？这是线下社区面临的一大挑战。

那么，应该做一个地瓜的"线上社区"还是做地瓜的"数字化"呢？

社区是围绕着人的需求而存在的，如果只是简单地把地瓜搬到线上做个 App 或者网站，这可能就忘掉了做社区的初心。需求的生成与满足的循环是社区运作的核心流程，一个社区自身的活力也体现在个体需求的活跃性上。所以要让社区更有活力，就要持续去发现和激活社区的个体需求，建立供需的连接，让这个循环持续地"跑"起来。所以我认为地瓜需要的是通过数字化的技术来优化这个过程，而不是简单地搞一个线上的社区。线上社区是地瓜未来的一种可能形态，但地瓜的数字化本质上要解决的是如何去优化社区内部供需循环的问题。

如何做地瓜的"数字化"？

上面简单聊了一下我理解的社区和"数字化"对于地瓜社区的意义，以下是我对地瓜未来数字化路径的一些展望：

（1）统一社区系统

未来，可以通过一套数字化系统来支撑地瓜社区的日常运作。地瓜以往在社区管理和运营方面的实践经验可以融入这套系统中。以后所有的地瓜社区都可以使用这套系统，或可称之为地瓜的社区操作系统，这也是地瓜数字化的基础。

（2）延伸"空间"，激活需求

线上社区能够带来全新的交互形式，它可以解决线下社区信息流通性差和内容结构性弱的问题。地瓜未来做线上化的延伸能够突破物理空间上的局限性，尽情展现社区的魅力，吸引更多的参与者。

（3）发现需求，连接供需

需求是社区活力的源泉，在有了一定的数据沉淀后，就可以通过智能化的方式去理解个体的潜在需求，建立供需之间的连接。比如基于你的兴趣爱好和最近参与过的一些社区活动，系统能够智能地给你推荐一些你可能会感兴趣的新活动，这个时候的地瓜社区就初步进入了智能化阶段。

地瓜社区的荣誉

　　社会创新项目"地瓜社区"，荣获 2015 年北京国际设计周年度趋势奖，2016 年香港设计中心颁发的 DFA 亚洲最具影响力设计全场大奖，2016 年入选鹿特丹国际建筑双年展"下一次经济"，2017 年入选文化部主办的第二届中国设计大展，2018 年被伦敦设计博物馆评为年度 Beazley 全球最佳设计之一，2018 年荣获北京市第四届社会组织公益服务品牌银奖，2018 年荣获奥地利 PRIXARS 电子社区提名奖，2019 年被美国 Parsons 设计学院选为全球 20 个最佳社会创新案例并出版，2019 年入选第十三届全国美术作品展览进京作品名单。

致谢

地瓜至今仍活着，
要感谢每一位在地瓜工作过的小伙伴、志愿者，
以及帮助过地瓜的每一个人。

同时，特别感谢：
北京市朝阳区人民政府
北京市朝阳区民防局
北京市朝阳区亚运村街道办事处
北京市朝阳区八里庄街道办事处
北京市朝阳区望京街道办事处
成都市城乡社区发展治理委员会
成都市金牛区城乡社区发展治理委员会
成都市金牛区民政局
成都市金牛区驷马桥街道办事处
成都市金牛区西安路街道办事处
感谢他们对地瓜的社会实践给予最大的支持和帮助。

也要特别感谢：
中央美术学院
中央美术学院设计学院
对地瓜的支持！

感谢英国伦敦中央圣马丁艺术与设计学院叙事性空间设计硕士课程系主任 Patricia Austin 教授和我的导师 Ingrid Hu 在项目进行期间给予我无私的帮助和指导。感谢 Melissa Woolford 在该项目的商业发展方面对我进行的一次个别辅导。

感谢我在中央圣马丁可爱的同学们，特别是 Deric Shen、Chirag Dewan、Freya Healey、Mariana Martinez、Cherrie Qi、Kasse Wang、Yvonne Li、Ilias Michopoulos、Catherine Burham-Bella、Federica Mandelli、Soumya Basnet、Marie Yamamoto、Hera、Tracey Taylor、Farida Alhusseini、Linghan Liao、Margriet Straatman、Felicitas Zu Dohna、于柯寒、钟云舒等在我留学英国期间给我无私的帮助和建议。

感谢韩尚宏先生、王若曦女士、冯仑先生、张冬冬先生、云波先生在地瓜创立之初给予的资金支持！感谢李世峰、李世奇兄弟在地瓜成立之初所给予的无私帮助。

感谢我的助手林木村在地瓜的初始阶段对该项目全心全意的付出和努力。没有她的帮助，地瓜将不可能进行至今，她杰出的插画更为该项目增色不少。

感谢王宁在建筑原型设计部分和我们一起工作和尝试，并作出杰出贡献。同时，他专业的建筑摄影为项目记录下珍贵的资料。

感谢建筑师李世奇、郭曦、贺仔明、邓博仁在整个项目过程中随时给我们以灵感启发和技术支持。

感谢丁伟杰、郭妍对地下室通风系统的设计提出的方案。

感谢艺术家武敏敏对技能交换装置的帮助。

感谢建筑师韩涛教授给予项目的批判性理论建议。

感谢网络工程师周科、施工监理范现勇对该项目的支持。

感谢李骁、王小星、郭蕾、曹青禾、王冠楠等人对该项目的支持。

特别感谢地下室房东刘青及其家人的支持。感谢花家地北里 302 地下室的全体居民和望京社区里参与我们活动的朋友们！没有你们的参与，该项目不可能进行下去！

感谢我在成都认识的每一位朋友。感谢江维、钟毅、钟科、吴莉、袁楷、刘建东、徐青松、覃强、刘汶林、段磊、吴晓慧、刘异飞等人对曹家巷地瓜的帮助和支持。

没有曾臻和乔纳森·兰德尔，该书将无法准确地传达给国际读者。

感谢雅昌集团以及程成女士、李华佳先生和权宁对地瓜的帮助。

没有纪录片导演岑岚的前期拍摄，刘宇佳的视频剪辑和布伦丹·格林的配音，以及尚钰和王妍的协助拍摄，该项目的纪录片也无法最终完成。

我要感谢一直培养和支持我的中国美术馆和中央美术学院，特别是范迪安先生和宋协伟先生，没有你们的教导和帮助，就不会有我今天的学术成绩。感谢中央美术学院设计学院近年来的教学改革对地瓜和社会设计的大力支持！

我要特别感谢我的父母周德平先生和张婉萍女士，没有你们的抚养和教育，就没有我今天的思考和行动。

最后，我要感谢高晴，她的支持给予我前进的力量。

谨以此书献给你们！

TO BE

IN

　　2014 年 7 月 16 日，英国中央圣马丁艺术与设计学院毕业日。我的导师告诉我，我是这个专业十年以来第一个得 A 的中国学生。她问我这两年学到了什么？我说我学会了问自己一个问题："我为什么要现在做这件事情，不是一年以前，也不是一年以后？"导师掏出一封信递给我，说："十年后再打开吧。"

　　我说我会守约。如今，八年多过去了，还有将近两年。

DIGUA
COMMUNITY
地瓜社区